高等职业教育土木建筑类专业新形态教材

安装工程识图与构造

主　编　胡　婧
副主编　杨晓东　吕　丹　陈　媛

北京理工大学出版社
BEIJING INSTITUTE OF TECHNOLOGY PRESS

内 容 提 要

本书共分5个模块，主要内容包括建筑电气工程安装工艺与识图、防雷与接地系统安装工艺与识图、建筑采暖系统安装工艺与识图、建筑给水排水系统安装工艺与识图、通风空调系统安装工艺与识图等。本书依据最新规范和标准进行编写，具有内容实用、简要、系统、完整、操作性强等特点。

本书可作为高职高专院校建筑工程技术等相关专业的教材，也可作为工程技术人员的学习参考书。

版权专有　侵权必究

图书在版编目(CIP)数据

安装工程识图与构造／胡婧主编.—北京：北京理工大学出版社，2023.7重印
ISBN 978-7-5682-5808-1

Ⅰ.①安… Ⅱ.①胡… Ⅲ.①建筑制图—识图—高等学校—教材 Ⅳ.①TU204.21

中国版本图书馆CIP数据核字（2018）第139561号

出版发行／北京理工大学出版社有限责任公司
社　　址／北京市丰台区四合庄路6号院
邮　　编／100070
电　　话／（010）68914775（总编室）
　　　　　（010）82562903（教材售后服务热线）
　　　　　（010）68944723（其他图书服务热线）
网　　址／http://www.bitpress.com.cn
经　　销／全国各地新华书店
印　　刷／北京紫瑞利印刷有限公司
开　　本／787毫米×1092毫米　1/16
印　　张／10　　　　　　　　　　　　　　　　　　　责任编辑／钟　博
字　　数／222千字　　　　　　　　　　　　　　　　文案编辑／钟　博
版　　次／2023年7月第1版第3次印刷　　　　　　　　责任校对／周瑞红
定　　价／39.00元　　　　　　　　　　　　　　　　责任印制／边心超

图书出现印装质量问题，请拨打售后服务热线，本社负责调换

前 言

本教材紧紧围绕职业岗位对学生职业能力的要求，以施工图为载体，以职业技能培养为目标，对本课程内容体系作模块化划分，并进行施工图识读的导入和解析，方便学生明确学习目标，有针对性地学习知识，通过本教材的学习将相关知识转化为实践能力，注重培养学生的专业知识能力与实际识读能力。

教材编写内容贴近行业新规范、新工艺、新技术，内容繁简恰当，难度适中。本教材反映了当前我国安装工程的实际内容，注重工程实践，符合专业教学的需求。

本教材共分为5个模块，即建筑电气工程安装工艺与识图、防雷与接地系统安装工艺与识图、建筑采暖系统安装工艺与识图、建筑给水排水系统安装工艺与识图、通风空调系统安装工艺与识图，分别介绍了各专业系统的组成、形式、施工图的识读等内容。

本书由吉林省经济管理干部学院胡婧担任主编，由吉林省经济管理干部学院杨晓东、吕丹、陈媛担任副主编。具体编写分工为：模块1由胡婧编写；模块2、模块4由吕丹、陈媛共同编写；模块3由杨晓东编写；模块5由胡婧、杨晓东共同编写。

由于编者水平有限，书中难免有疏漏与不足之处，敬请广大读者批评指正。

编　者

目 录

模块1 建筑电气工程安装工艺与识图 ……1
- 1.1 建筑电气基础知识 ……1
  - 1.1.1 建筑供配电系统 ……1
  - 1.1.2 建筑电气照明系统 ……4
- 1.2 电气照明线路安装 ……8
  - 1.2.1 电气照明线路的组成 ……8
  - 1.2.2 配电箱的安装要求与分类 ……14
  - 1.2.3 照明线路的敷设 ……14
  - 1.2.4 照明灯具的安装 ……20
  - 1.2.5 灯具开关、插座的安装 ……21
  - 1.2.6 建筑物照明通电试运行 ……22
- 1.3 建筑电气施工图的识读 ……23
  - 1.3.1 电缆的组成 ……23
  - 1.3.2 常用电气施工图的图例 ……26
  - 1.3.3 图纸识读 ……28
- 练习题 ……33

模块2 防雷与接地系统安装工艺与识图 ……34
- 2.1 雷电的种类与危害 ……34
- 2.2 防雷装置及其安装 ……37
  - 2.2.1 防雷装置的组成 ……38
  - 2.2.2 防雷装置的安装 ……41
- 2.3 接地装置的安装及降低措施 ……48
  - 2.3.1 接地装置的安装 ……49
  - 2.3.2 降低接地装置的措施 ……51
- 2.4 防雷与接地系统施工图的识读 ……52
  - 2.4.1 防雷与接地系统施工图的组成 ……52
  - 2.4.2 防雷与接地系统施工图的识读步骤 ……52
  - 2.4.3 防雷与接地系统施工图识读 ……52
- 练习题 ……54

模块3 建筑采暖系统安装工艺与识图 ……57
- 3.1 采暖系统的组成与分类 ……57
  - 3.1.1 采暖系统的组成 ……57
  - 3.1.2 采暖系统的分类 ……57
- 3.2 机械循环散热器采暖系统的组成 ……59
  - 3.2.1 热水采暖系统的形式 ……59
  - 3.2.2 散热器及辅助设备 ……62
  - 3.2.3 采暖管道 ……71
  - 3.2.4 管道防腐与保温 ……73
- 3.3 低温地辐射采暖系统的组成 ……74
  - 3.3.1 系统的组成与形式 ……74
  - 3.3.2 地热管的管材与布管方式 ……74

3.3.3 分集水器构造……75
3.3.4 地辐射采暖地板……76
3.4 散热器及辅助设备安装……76
　　3.4.1 散热器安装……76
　　3.4.2 低温地辐射采暖系统地热管安装……79
　　3.4.3 热水采暖系统辅助设备安装……81
3.5 室内采暖系统安装……83
　　3.5.1 室内采暖管道安装基本要求……83
　　3.5.2 室内采暖管道安装……84
　　3.5.3 系统水压试验……86
3.6 室内采暖工程施工图的识读……87
　　3.6.1 采暖工程施工图的组成与内容……87
　　3.6.2 采暖工程施工图的一般规定……88
　　3.6.3 采暖工程施工图识读……90
练习题……91

模块4 建筑给水排水系统安装工艺与识图……93
4.1 室内生活给水排水系统……93
　　4.1.1 建筑给水排水系统的分类……93
　　4.1.2 室内生活给水系统……94
　　4.1.3 室内生活排水系统……100
4.2 给水排水常用管材、卫生器具、水箱、水泵……103
　　4.2.1 建筑给水管材……103
　　4.2.2 建筑排水管材……104
　　4.2.3 卫生器具的安装……104
　　4.2.4 水泵、水箱、水表的安装……106
4.3 室内消防给水系统……108
　　4.3.1 室内消火栓给水系统……108

4.3.2 自动喷水灭火系统……110
4.4 建筑给水排水工程施工图的识读……112
　　4.4.1 给水排水工程施工图的组成与内容……112
　　4.4.2 常见的给水排水施工图图例……112
　　4.4.3 给水排水施工图识读……115
练习题……115

模块5 通风空调系统安装工艺与识图……117
5.1 通风系统的分类与组成……117
　　5.1.1 通风系统的分类……117
　　5.1.2 通风系统的组成……120
　　5.1.3 高层建筑防排烟……124
5.2 空调系统的分类与组成……129
　　5.2.1 空调系统的分类……129
　　5.2.2 空调系统的组成……132
5.3 通风空调系统管道安装……135
　　5.3.1 通风空调管道管材及附件……135
　　5.3.2 风管支、吊架安装……138
　　5.3.3 风管的安装……139
5.4 通风空调工程施工图的识读……143
　　5.4.1 通风空调工程施工图的组成……143
　　5.4.2 通风空调工程施工图的规定……144
　　5.4.3 通风空调施工图识读……145
练习题……152

参考文献……153

模块 1　建筑电气工程安装工艺与识图

知识目标

1. 掌握建筑供配电系统和照明系统的组成。
2. 掌握识读建筑电气施工图纸的方法。
3. 熟悉电气照明线路和安装要求。
4. 了解常用的灯具和供配电系统设备的性能。

建筑电气工程
安装工艺与识图

能力目标

能够看懂不同建筑电气照明施工图和动力施工图。

1.1　建筑电气基础知识

建筑电气功能主要有输送和分配电能、应用电能和传递信息，为人们提供舒适、便利、安全的建筑环境。建筑电气可划分为强电（电压）：供电、照明、防雷；弱电：电话、电视、消防、楼宇自控等。

各类建筑电气系统都是由用电设备、配电线路、控制和保护设备三部分构成的。

1.1.1　建筑供配电系统

1. 建筑供配电系统的组成

电力系统是由发电厂、电力网和电力用户（用电设备）组成的发电、输电、配电和用电的统一整体，又称为输配电系统或供配电系统，如图 1-1 所示。

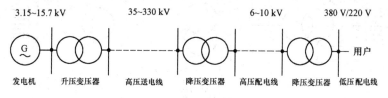

图 1-1　供配电系统组成

(1) 发电厂。发电厂是将一次能源(水力、火力、风力、原子能等)转换成用户可以直接使用的二次能源的电能场所。

根据利用的能源不同,发电厂可分为火力发电厂、水力发电厂、原子能发电厂、地热发电厂、潮汐发电厂、风力发电厂和太阳能发电厂等。

(2) 电力网。电力网是电力系统中的重要组成部分,是电力系统中输送、交换和分配电能的中间环节。电力网由变电所、配电所和各种电压等级的电力线路所组成。电力网的作用是将发电厂生产的电能变换、输送和分配到电能用户。

我国电力网的电压等级主要有 0.22 kV、0.38 kV、3 kV、6 kV、10 kV、35 kV、110 kV、220 kV、330 kV、550 kV 等。其中 35 kV 及以上的电力线路为输电线路,10 kV 及以下电力线路为配电线路。低压配电线路常用的电压为 380 V/220 V,电压由配电变压器提供;高压配电线路常用的电压为 6 kV 或 10 kV。

(3) 电力用户。电力用户是所有用电设备的总称,又称为电力负荷。按其用途可分为动力用电设备(如电动机等)、工艺用电设备(如电解、电焊设备等)、电热用电设备(如电炉等)和照明用电设备等(如灯具等)。电力用户根据电压可分为高压用户和低压用户,高压用户的额定电压在 1 kV 以上,低压用户的额定电压一般为 380 V/220 V。

2. 建筑供配电形式

(1) 各类民用建筑的供电形式。

1) 小型民用建筑的供电形式。一般只需要一个简单的 6~10 kV 的降压变电所,供电形式如图 1-2 所示。用电设备容量在 250 kW 及以下或需用变压器容量在 160 kV·A 及以下时,不必单独设置变压器,可以用 220 V/380 V 低压供电。

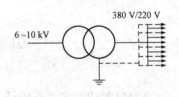

图 1-2 小型民用建筑供电形式

2) 大型民用建筑的供电形式(图 1-3)。由于用电负荷大,电源进线一般为 35 kV,需经两次降压,第一次由 35 kV 降为 10 kV,再将 10 kV 高压配线连至各建筑物变电所,降为 220 V/380 V。

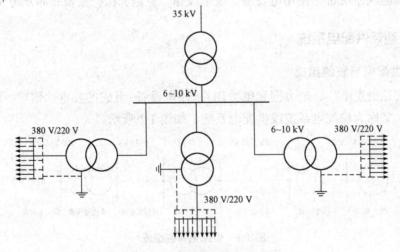

图 1-3 大型民用建筑供电形式

特别提示：

民用建筑的供电电压根据用电容量、用电设备特性、供电距离、供电线路的回路数、当地公共电网现状及其发展规划等因素，经技术经济比较确定。

①用电设备容量在 250 kW 或需用变压器容量在 160 kV·A 以上者宜以高压方式供电。

②用电设备容量在 250 kW 或需用变压器容量在 160 kV·A 及以下者宜以低压方式供电。

③特殊情况以高压方式供电。

3. 低压配电系统

低压配电系统是由配电装置(配电柜或盘)和配电线路(干线及支线)组成的。低压配电系统又分为动力配电系统和照明配电系统。

4. 低压建筑供配电形式

低压配电系统的配电方式主要有放射式和树干式。由这两种方式组合派生出来的配电方式还有混合式、链接式等，如图 1-4 所示。

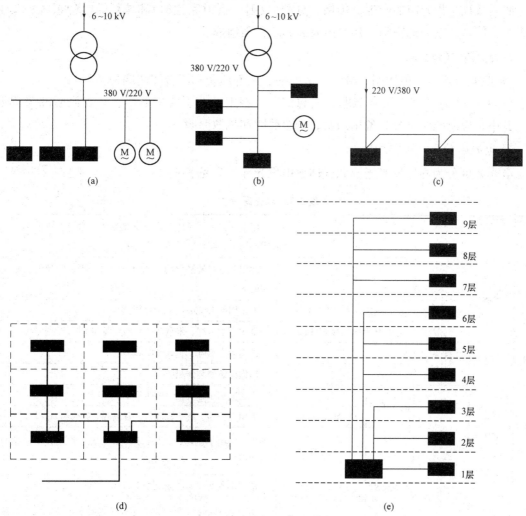

图 1-4 低压配电系统形式
(a)放射式；(b)树干式；(c)链接式；(d)多层建筑配线；(e)高层建筑配线

放射式配电是指由总配电箱直接分配负荷给分配电箱。其优点是各负荷相互独立，一旦发生故障不会影响其他回路，各干线相互不干扰，但系统所需要的开关和线路较多，系统灵活性差，总的配电线路系统经济性差。这种配电方式适用于容量大、要求集中控制的设备以及供电可靠性高的重要设备的配电回路等。

树干式配电是有一支总干线连接各配电箱。此配电方式投资小，结构简单，施工方便，易于扩展，但供电可靠性差，并且故障影响的范围较大。这种配电方式常用于供电可靠性要求不高的设备。

在大型配电系统中，大多数配电系统的配电方式一般采用放射式配电，不同楼层分配电箱为树干式或链接式配电。

1.1.2 建筑电气照明系统

电气照明系统由照明装置及其电气系统组成。

照明系统是指光能的产生、传播、分配（反射、折射和透射）和消耗吸收的系统。其由电光源、灯具、室内外空间、建筑内表面和工作面组成。

1. 照明方式及种类

(1)照明方式有一般照明、分区一般照明、局部照明和混合照明四种类型。

(2)照明种类可分为正常照明、应急照明、警卫照明、值班照明、景观照明和障碍照明。其中，应急照明可分为备用照明、安全照明和疏散照明。

2. 电光源分类

电光源可分为固体发光光源和气体放电发光光源，见表1-1。

表1-1 电光源分类

电光源	固体发光光源	热辐射光源	白炽灯	用于开关频繁场所、需要调光场所、要求防止电磁波干扰的场所，其余场所不推荐使用
			卤钨灯	适用于电视转播照明，并用于绘画、摄影和建筑物投光照明等
		电致发光光源	场致发光灯(EL)	大量用作LCD显示器的背光源
			半导体发光二极管(LED)	常作为指示灯、带色彩的装饰照明等
	气体放电发光光源	辉光放电灯	氖灯	常作为指示灯、装饰照明等
			霓虹灯	用作建筑物装饰照明
		弧光放电灯	低气压灯 荧光灯	广泛应用于各类建筑的照明中
			低气压灯 低压钠灯	适用于公路、隧道、港口、货场和矿区照明
			高气压灯 高压钠灯	广泛应用于道路、机场、码头、车站、广场及工矿企业照明
			高气压灯 高压汞灯	常用于空间高大的建筑物中
			高气压灯 金属卤化物灯	用于电视、体育场、礼堂等对光色要求很高的大面积照明场所

(1)白炽灯。白炽灯适用于需要调光、要求显色性高、迅速点燃、频繁开关及需要避免对测试设备产生高频干扰的地方和屏蔽室等。因其体积小，并可制成各种功率的规格，同时易于控光、没有附件、光色宜人等，故特别适用于艺术照明和装饰照明。小功率投光等还适用于橱窗展示照明和美术馆陈列照明灯，也适用于事故照明。因白炽灯灯光效率低、寿命短、电能消耗大、维修费用高，故使用时间长的工程车间照明不宜采用，如图1-5所示。

图1-5 白炽灯

(2)荧光灯。荧光灯适用于进行较精细的工作，需要正确识别色彩，照度要求较高或进行长时间紧张视力工作的场所，悬挂高度在4 m以下为宜。日光色荧光灯适用于天然采光的房间照明或要求环境舒适的照明场所。荧光灯在开关频繁的场所不宜采用，对环境温度过高或过低的室内外场所也不适用，如图1-6所示。

  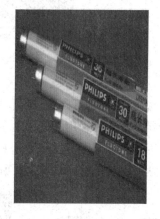

图1-6 荧光灯

(3)卤钨灯。卤钨灯宜用在照度要求较高、显色性较好或要求调光的场所，如体育馆、大会堂、宴会厅等。其色温尤其适用于彩色电视的演播室照明。由于它的工作温度较高，不适于多尘、易燃、有爆炸危险、有腐蚀性的环境场所，以及有振动的场所，如图1-7所示。其中，石英聚光卤钨灯用于拍摄电影、电视及舞台照明的聚光灯或回光灯具中。

(4)荧光高压汞灯。荧光高压汞灯适用于要求照度中等或较高的高大厂房和露天场所；使用荧光高压汞灯宜采用混光照明的方法，这样可以获得高光效，光色也可以得到改善，如体育馆、工程高大车间等。荧光高压汞灯同样适用于路灯照明，近郊道路、工厂厂区道路。适用于大面积室内、外照明，如图1-8所示。

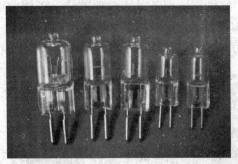

图1-7 卤钨灯

图1-8 荧光高压汞灯

(5)金属卤化物灯。金属卤化物灯适用于要求照度高、显色性好的场所，如体育馆、美术馆、展览馆等。采用漏光照明的方法可以获得高光效，光色也可以得到改善，漏光照明方法适用于路灯照明、繁华街道照明，投光灯或高杆照明。高杆照明可设置在立交桥、广场、车站、码头等处，如图1-9所示。

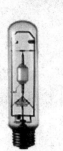

图1-9 金属卤化物灯

(6)高压钠灯。高压钠灯适用于要求照度中等或较高高大厂房、机场、码头、车站、体育馆和露天场所；市区街道路灯照明。投光灯或高杆照明，高杆照明可设置在立交桥、广场、车站、码头等处，如图1-10所示。

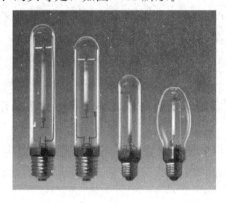

图1-10 高压钠灯

(7)LED节能灯。LED节能灯即半导体发光二极管，具有光效高、耗电少、寿命长、易控制、免维护、安全环保等特点，是新一代固体冷光源。LED节能灯无频闪直流电，对眼睛起到很好的保护作用，是台灯、手电的最佳选择，如图1-11所示。

图1-11 LED节能灯

3. 照明灯具

(1)照明灯具的概念。照明灯具是指调整光源发出的光以得到舒适的照明环境的器具。

(2)照明灯具的作用。照明灯具的作用有固定光源；对光源提供机械保护；控制光源发出光线的扩散程度，达到配光要求；防止眩光；保证特殊场所的照明安全，如防尘、防水等；装饰和美化环境。

(3)照明灯具的分类。

1)按配光可分为：直射型灯具、半直射型灯具、漫射型灯具、半反射型灯具、反射型灯具。

2)按结构形式可分为：开启式灯具、保护式灯具、防尘式灯具、密闭式灯具、防爆式灯具。

3)按灯具的安装方式可分为：悬吊式、吸顶式、壁式、嵌入式、半嵌入式、落地式、台式、庭院式、道路式、广场式灯具。

（4）照明灯具的布置。根据灯具在房间内（或所在场所）的空间位置，其可分为高度布置和水平布置。

1）灯具的高度布置要满足灯具的垂度适宜，一般为0.3～1.5 m。一般房间的高度在2.8～3.5 m，考虑灯具的检修和照明的效率，悬挂高度一般为2.2～3.0 m。

2）灯具的水平布置也称为平面布置，其可分为均布布置和选择布置两种形式。

①均匀布置是指灯具间距按一定的规律（正方形、矩形、菱形等）均匀布置，使整个工作面获得比较均匀的照度。均匀布置适用于室内灯具的布置，一般照明大多采用这种布置方式。

②选择布置是指为了满足局部要求而进行的选择布置，只用在局部照明或定向照明中。其可减少一定数量的灯具，有利于节约投资和能源。

1.2 电气照明线路安装

1.2.1 电气照明线路的组成

电气照明线路主要由电源进户线、总配电箱、干线、分配电箱、支线、用户配电箱（或照明设备）等组成，如图1-12所示。

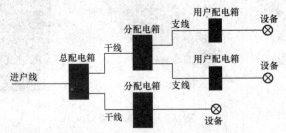

图1-12 电气照明线路组成

1.2.1.1 电源进户线

由建筑室外进入到室内配电箱的这段电源线称为进户线，通常有架空进线和电缆埋地进线两种方式。

1. 电缆架空进线形式

架空进线是架挂在电杆上使用的用电线路。架空光缆敷设方式可以利用原有的架空明线杆路，节省建设费用、缩短建设周期。架空进线挂设在电杆上，要求能适应各种自然环境。一般用于长途二级或二级以下的线路，也适用于专用网用线线路或某些局部特殊地段。

（1）架空敷设是一种不同于常规的电缆地埋敷设的方法。当受到城市地下其他管线或市政公共设施等特殊原因的影响，不能将电缆敷设于地下，或采用一般架空线路时，可采用电缆架空敷设。

(2)架空所用的钢绞线的截面应根据电缆线路的跨距、荷重和机械强度来选择,其最小截面不小于 10 mm²,钢绞线和电缆固定件应热镀锌。钢绞线上电缆固定点的间距应小于 0.75 m;控制电缆固定点的间距应小于 0.6 m。

(3)线路架空敷设时与热力管道的净距应大于 1 m,当其净距小于或等于 1 m 时,则应采用隔热措施。电缆与非热力管道的净距应大于 0.5 m,当其净距小于或等于 0.5 m 时,应在管道接近的或由该段两端向外延伸不小于 0.5 m 以内的电缆段上,采取防止电缆受机械损伤的措施。

(4)架空电缆从杆上引下入地时,地面上应用一段 2.5 m 长的保护管,并固定牢靠,保护管根部应伸入地下 0.2 m,如图 1-13 所示。

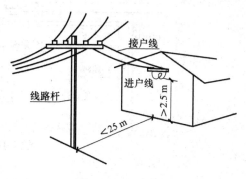

图 1-13 架空进线

2. 电缆埋地进线形式

(1)电缆敷设前后必须用 500 V 兆欧表测量绝缘电阻,一般不低于 10 MΩ。

(2)电缆芯线应采用圆套管连接。套管一般分为铜套管和铝套管,铜芯电缆用铜套管压接,铜套管为含铜 99.9% 以上的铜管制成,壁厚不小于 1 mm,长度是套管直径的 8~10 倍;铝芯电缆用铝套管压接,铝套管的含铝应不小于 99.6%,壁厚不小于 1.2 mm,长度同样是套管直径的 8~10 倍;如果敷设的电缆是铜芯和铝芯电缆的连接,应采用铜铝过渡接头,并且需要对铜铝过渡接头在与导线压接前进行退火处理。

(3)在地埋电缆线路的接头和转角处必须设置手孔井或标桩,为便于维修和查勘,手孔井的间距应小于 50 m。

(4)在电缆沟、手孔井内以及进入控制箱、配电柜的电缆和中间接头、终端头均应配有记载电缆规格、型号、线路名称或回路号数的电缆指示牌。

(5)电缆连接的中间头或终端头必须密封防水。剖切电缆线时不能将电缆线芯绝缘外皮损伤。每次的电缆线路施工都应有施工的原始记录,其中包括电缆型号、规格、长度、安装日期、中间接头和终端头的编号。这样做的好处是可以防止电缆线路的变动和修改,方便地埋电缆线路的查勘和维修。

(6)每次地埋线缆线路有所变动时,都应及时更正相应的技术资料和电缆指示牌,确保线路资料的正确性,如图 1-14 所示。

3. 供电电源与形式

(1)不同负荷等级对电源的要求不同。

1)一级负荷:应采用两路独立电源供电,电源线路取自不同的变电站,为保证供电的可靠性,工程常多设一路电源,作为应急,常用的应急电源有蓄电池、发电机、不间断电源 UPS 或 EPS 等。

2)二级负荷:采用两回线路供电,电源线路取自同一变电所的不同母线,但一般也设

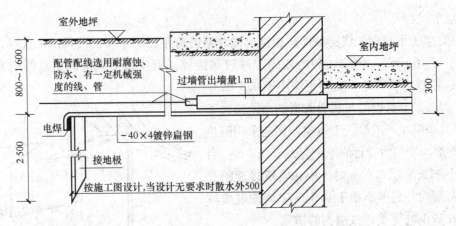

图 1-14 电缆埋地进线

置蓄电池等应急电源。

3)三级负荷:对电源无特殊要求。

(2)供电形式。照明系统的供电一般应采用 380 V/220 V 三相四线制(TN-C 接地系统)中性点直接接地的交流电源,即三根相线加一根中线,此时的中线因接地,可以当作保护线使用,故又称为保护中线"PEN";也可采用三相五线制(TN-S 接地系统)交流电源,即三根相线加一根中线 N、一根保护线 PE。如负荷电流小于等于 40 A 时,可采用 220 V 单相二线制的交流电源(即一根相线 L 和一根中线 N)。

电缆一般借助放线架、滚轮等敷设,在沟内不宜拉得很直,应略呈波浪形,以适应环境温度造成的热胀冷缩。多根电缆不应相互盘绕敷设,应保持至少一个电缆直径的间距,以满足散热的要求。电缆较长且中间有接头时,必须采用专用的电缆接头盒。若电缆有分支,常采用电缆分支箱分线。

1.2.1.2 总配电箱

总配电箱是建筑连接电源、接收和分配电能的电气装置。配电箱是将断路器、刀开关、熔断器、电度表等设备、仪表集中设置在一个箱体内的成套电气设备。配电箱在电气工程中起电能的分配、线路的控制等作用。

低压配电箱根据用途不同分为电力配电箱和照明配电箱两种。根据安装方式不同可分为悬挂式、嵌入式和半嵌入式三种。根据材质不同可分为铁制、木制和塑料制品,其中铁制配电箱使用较为广泛。

1. 配电箱

配电箱是按电气接线要求将开关设备、测量仪表、保护电器和辅助设备组装在封闭或半封闭的金属柜中或屏幅上,构成低压配电装置。正常运行时可借助手动或自动开关接通或分断电路。故障或不正常运行时借助保护电器切断电路或报警。借助测量仪表可显示运行中的各种参数,还可对某些电气参数进行调整,对偏离正常工作的状态进行提示或发出信号,常用于各发、配、变电所中。

(1)固定面板式开关柜,又称为开关板或配电屏。它是一种有面板遮拦的开启式开关柜，正面有防护作用，背面和侧面仍能触及带电部分，防护等级低，只能用于对供电连续性和可靠性要求较低的工矿企业作变电室集中供电用。

(2)防护式（即封闭式）开关柜。防护式（即封闭式）开关柜是指除安装面外，其他所有侧面都被封闭起来的一种低压开关柜。这种柜子的开关、保护和监测控制等电气元件，均安装在一个用钢或绝缘材料制成的封闭外壳内，可靠墙或离墙安装。柜内每条回路之间可以不加隔离措施，也可以采用接地的金属板或绝缘板进行隔离。通常门与主开关操作有机械联锁。另外还有防护式台型开关柜（即控制台），面板上装有控制、测量、信号等电器。防护式开关柜主要作为工艺现场的配电装置。

(3)抽屉式开关柜。抽屉式开关柜采用钢板制成封闭外壳，进出线回路的电器元件都安装在可抽出的抽屉中，构成能完成某一类供电任务的功能单元。功能单元与母线或电缆之间，用接地的金属板或塑料制成的功能板隔开，形成母线、功能单元和电缆三个区域。每个功能单元之间也有隔离措施。抽屉式开关柜有较高的可靠性、安全性和互换性，是比较先进的开关柜，目前生产的开关柜，多数是抽屉式开关柜。它们适用于要求供电可靠性较高的工矿企业、高层建筑，作为集中控制的配电中心。

(4)动力、照明配电控制箱。动力、照明配电控制箱多为封闭式垂直安装。因使用场合不同，外壳防护等级也不同。它们主要作为工矿企业生产现场的配电装置，如图1-15所示。

图1-15 配电箱

2. 变(配)电所主要设备(低压设备)

低压配电系统有三种接地形式，即TN系统、TT系统和IT系统。

(1)TN系统。电力系统中性点直接接地，受电设备的外露可导电部分通过保护线与接地点连接。按照中性线与保护线组合情况，又可分为三种形式：

1)TN-S系统（又称五线制系统）。整个系统中的中性线（N）与保护线（PE）是分开的。因为TN-S系统可安装漏电保护开关，有良好的漏电保护性能，所以在高层建筑或多层建筑中得到广泛采用。

2)TN-C系统（又称四线制）。整个系统中的中性线（N）与保护线（PE）是合一的，TN-C系统主要应用在三相动力设备较多的系统，如工厂、车间等。因为少配了一根线所以比较经济，如图1-16所示。

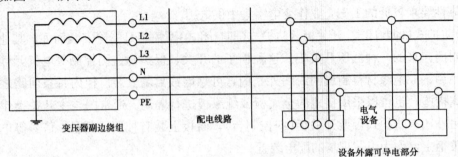

图1-16 TN-C系统

3）TN-C-S系统（又称四线半系统）。系统中前一部分线路的中性线(N)与保护线(PE)是合一的，TN-C-S系统主要应用在配电线路为架空配线、电负荷较分散、距离又较远的系统，要求线路在进入到建筑物时，将中性线重复接地，同时再分出一根保护线，如图1-17所示。

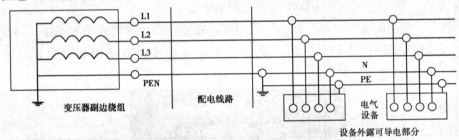

图1-17 TN-C-S系统

（2）TT系统。电力系统中性点直接接地，受电设备的外露可导电部分通过保护线连接至与电力系统接地点无直接关联的接地极。在TT系统中，保护线可以各自设置，由于各自设置的保护线各不相关，因此，电磁环境适应性较好，但保护人身安全的性能较差，目前仅在小负荷系统中应用，如图1-18所示。

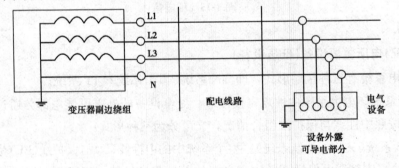

图1-18 TT系统

（3）IT系统。IT系统的带电部分与大地间无直接连接，受电设备的外露可导电部分通过保护线连接至接地极。IT系统的电磁环境适应性比较好，当任何一相故障接地时，大地即作为相线工作，可以减少停电的机会，多用于煤矿及工厂等希望尽量减少停电的系统，如图1-19所示。

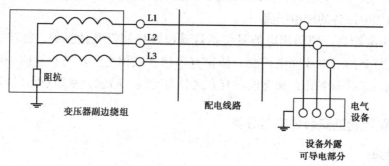

图1-19 IT系统

以上几种低压配电系统的接地形式各有优缺点，目前以TN-S系统应用较多。

3. 低压配电柜

低压配电柜是由低压一次设备为主，配合二次设备（如接触器、继电器、按钮开关、信号指示灯、测量仪表等），以一定方式组合成一个或一组柜体的成套电气设备，如图1-20所示。

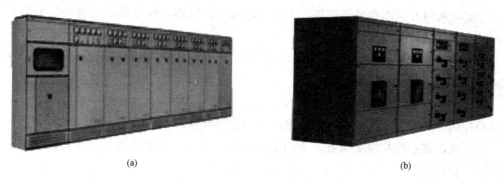

图1-20 配电柜
(a)GGD低压固定式配电柜；(b)GCK低压抽屉式配电柜

(1)电力配电箱(AP)。电力配电箱又称为动力配电箱。

(2)照明配电箱(AL)。照明配电箱内主要装有控制各支路用的开关及熔断器，还有电度表、漏电保护装置等。

(3)其他系列配电箱。

1)插座箱：箱内装有自动开关和插座，还可根据需要加装LA型控制按钮、XD型信号灯等元件。

2)计量箱：用于各种住宅、旅馆、车站、医院等建筑物用来计量单位为50Hz的单相及三相有功电度。

(4)分配电箱。分配电箱是连接总配电箱和用电设备、接收和分配分区电能的电气装置。

(5)干线。干线是连接总配电箱与分配电箱的线路,任务是将电能输送到分配电箱。

(6)照明支线。照明支线又称照明回路,是指从分配电箱到用电设备这段线路,即将电能直接传递给用电设备的配电线路。

(7)照明用电器具。照明用电器具包括灯具以及控制灯具的开关、插座、电铃和风扇等。开关用于灯具的通电或断电控制。插座有单相、三相之分,三相插座一般是四孔,单相插座有两孔、三孔及多孔;插座按安装方式分为明装、暗装、密闭及防爆型。

1.2.2 配电箱的安装要求与分类

1. 安装要求

(1)配电箱的金属框架及基础型钢必须接地(PE)或接零(PEN)可靠;装有电器的可开启门,门和框架的接地端子间应用裸编织铜线连接,且有标识。

(2)低压照明配电箱应有可靠的电击保护。

(3)配电箱间线路的线间和线对地间绝缘电阻值,馈电线路必须大于 0.5 MΩ,二次回路必须大于 1 MΩ。

(4)配电箱内配线整齐,无铰接现象,导线连接紧密,不伤芯线,小断股。垫圈下螺钉两侧压的导线截面面积相同,同一端子上导线连接不多于 2 根,防松热圈等零件齐全。

(5)配电箱内开关动作灵活可靠,带有漏电保护的回路,漏电保护装置动作电流不大于 30 mA,动作时间不大于 0.1 s。

(6)配电箱内,分别设置零线(N)和保护地线(PE)汇流排(接线端子板),零线和保护地线经汇流排配出。

(7)配电箱安装垂直度允许偏差为不大于 1.5‰。

(8)控制开关及保护装置的规格、型号符合设计要求。

(9)二次回路连线应成束绑扎,不同电压等级、交流、直流线路及计算机控制线路应分别绑扎,且有标识。

(10)配电箱安装高度无设计要求时,一般暗装配电箱底边距地面为 1.5 m,明装配电箱底边距地不小于 1.8 m。

2. 配电箱的分类

配电箱按生产方式划分,可分为标准型和非标准型两种。标准型按设计要求直接向生产厂家购买;非标准型可自行制作。按作用划分,可分为动力配电箱、照明配电箱和动力照明合用。按安装方式划分,可分为悬挂式和落地式。

1.2.3 照明线路的敷设

1.2.3.1 照明线路

1. 配线工程施工的一般要求

(1)所有导线的额定电压应大于线路的工作电压。导线的绝缘应符合线路的安装方式和敷设环境条件。导线截面应能满足供电质量和机械强度的要求。

1)额定电压是根据产品本身特性,在出厂前就已经规定好的工作电压上下限度,是电器长时间工作时所适用的最佳电压。高了容易烧坏,低了不正常工作(灯泡发光不正常,电机不正常运转)。此时电器中的元器件都工作在最佳状态,只有工作在最佳状态时,电器的性能才比较稳定,这样电器的寿命才得以延长。

2)工作电压是用电器实际工作时的电压,有可能高于其额定电压,也可能低于其工作电压,视其实际运行条件而定。

(2)导线敷设时,应尽量避免接头。必须接头时,应把接头置于接线盒、开关盒或灯头盒内。

(3)导线在连接和分支处,不应受机械力的作用,导线与电器端子的连接要牢靠压实。

接线端子是为了方便导线的连接而应用的,它是一段封在绝缘塑料里面的金属片,两端都有孔可以插入导线,有螺钉用于紧固或者松开,比如两根导线,有时需要连接,有时又需要断开,这时就可以用端子把它们连接起来,并且可以随时断开,而不必把它们焊接起来或者缠绕在一起,很方便快捷。

(4)穿入保护管内的导线,在任何情况下都不能有接头,必须接头时,应把接头置于接线盒、开关盒或灯头盒内。

(5)各种明配线应垂直和水平敷设,且要求横平竖直。一般导线水平高度距地不应小于2.5 m;垂直敷设不应低于1.8 m,否则应加管槽保护,以防机械损伤。

(6)明配线穿墙时,应采用经过阻燃处理的保护管进行保护,穿过楼板时应采用钢管保护,其保护高度与楼面的距离不应小于1.8 m,但在装设开关的位置,可与开关高度相同,如图1-21所示。

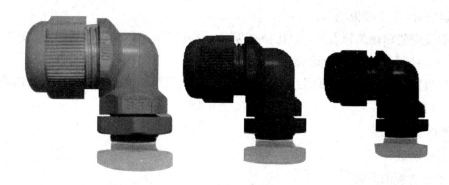

图1-21 保护管

(7)入户线在进墙的一段应采用额定电压不低于500 V的绝缘导线;穿墙保护管的外侧应有防水弯头,且导线应弯成滴水弧状后方可引入室内。

(8)电气线路经过建(构)筑物的沉降缝或伸缩缝处应装设两端固定的补偿装置,导线应留有余量。

(9)明配线穿墙时应采用经过阻燃处理的保护管保护,穿过楼板时应采用钢管保护,其保护高度与楼面的距离不应小于1.8 m,但在装设开关的位置,可与开关高度相同。

(10)配线工程施工结束后,应将施工中造成的建筑物、构筑物的孔、洞、沟、槽等修补完整。

2. 照明线路的分类

室内配线的方式应根据建筑物性质、要求、用电设备的分布及环境特征等因素确定合理的配线及敷设方式。

照明线路敷设方式分为明敷和暗敷。明敷是指在建筑物墙、板、梁、柱的表面敷设导线或将导线穿过槽、管；暗敷是在建筑物墙、板、梁、柱里敷设导线。

3. 室内配线施工工序

(1)定位画线。根据施工图纸，确定电器安装位置、导线敷设途径及导线穿过墙壁和楼板的位置。

(2)预留预埋。在土建抹灰前，将配线所有的固定点打好孔洞，埋好支撑构件，但最好在土建施工时配合土建做好预埋预留工作。

(3)装设绝缘支撑物、线夹、支架或保护管。

(4)敷设导线。

(5)安装灯具及电器设备。

(6)测试导线绝缘，连接导线。

(7)校验、自检、试通电。

1.2.3.2 槽板配线(双线槽、三线槽)

1. 槽板安装要求

(1)槽板内电线无接头，电线连接在器具处；槽板与各种器具连接时，电线应留有余量，器具底座应压住槽板端部。

(2)敷设应紧贴建筑物表面，且应横平竖直、固定可靠，严禁用木楔固定；槽板应经阻燃处理，塑料槽板表面应具有阻燃标识。

(3)槽板穿过梁、墙和楼板处应有保护套管，跨越建筑物变形处槽板应设补偿装置，且与槽板结合紧密。

2. 槽板安装程序

(1)定位画线。

(2)槽板底板的固定。

(3)导线敷设。槽板内敷设的导线的额定电压不低于 500 V。使用铜芯导线时，线芯最小截面面积不应小于 10 mm^2；使用铝芯导线时，线芯最小截面面积不应小于 15 mm^2。

(4)盖板固定。

1.2.3.3 线槽配线

线槽配线适用于正常环境中室内明布线，钢制线槽不宜在有腐蚀性气体或液体环境中使用。线槽按材质可分为金属线槽和塑料线槽，如图1-22所示。

(1)金属线槽：用于正常环境(干燥和不易受机械损伤)的室内场所明敷设。金属线槽由厚度 0.4～1.5 mm 的钢板制成。地面暗装金属线槽可直接敷设在混凝土地面、现浇钢筋混凝土楼板或预制混凝土楼板的垫层内，分为单槽型和双槽分离型两种结构形式。当弱电线路与强电线路同时敷设时，为防止电磁干扰，应将强、弱电线路分隔而采用双槽分离型线槽敷设。

（2）塑料线槽：由槽底、槽盖及附件组成，采用难燃性硬质聚氯乙烯工程塑料挤压成形。适用于正常环境的室内场所明配线。

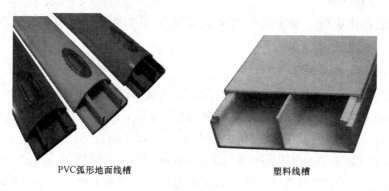

PVC弧形地面线槽　　　　　　　塑料线槽

图 1-22　线槽

(a)PVC 弧形地面线槽；(b)塑料线槽

1.2.3.4　塑料护套线配线

塑料护套线配线用于居住及办公等建筑室内电器照明及日用电器插座线路，可以直接敷设在楼板、墙壁等建筑物表面上，用铝卡片或塑料钢钉电线卡作为塑料护套线的支持物，但不得在室外露天场所明敷设。

（1）塑料护套线配线有关要求。

1）塑料护套线与其他管道间的最小距离应大于以下规定：

①与蒸汽管平行时，间距 1 000 mm；在管道下边时，间距 500 mm；

②与暖热水管平行时，间距 300 mm；在管道下边时，间距 200 mm；

③与煤气管道在同一平面上布置时，间距 50 mm。

2）塑料护套线穿过楼板、墙壁时应用保护管保护，保护高度距离地面不低于 18 m，其保护管凸出墙面的长度为 3～10 mm。

3）水平或垂直敷设的护套线，平直度和垂直度不应大于 5 mm。

4）护套线在同一平面上转弯时，弯曲半径不应小于护套线宽度的 3 倍；在不同平面上转弯时，弯曲半径应小于护套线厚度的 3 倍。

5）导线间和导线对地面的绝缘电阻值必须大于 0.5 MΩ。

6）护套线敷设平直整齐、固定牢靠，应紧贴建筑物表面，多根平行敷设间距一致，分支和转弯整齐。

7）护套线明敷设时，中间接头应在接线盒内；暗敷设时，板孔内无接头。导线进入接线盒内应留有余量。

8）护套线敷设后应无扭绞、死弯、绝缘层损坏和护套线断裂等现象。

(2)施工工艺流程。

1)弹线定位(测位、画线、打眼、埋螺钉);

2)铝片卡固定(下过墙管、上卡子、装盒子);

3)塑料护套线敷设(配线、焊接线头)。

1.2.3.5 导管配线

线路和线管在建筑物、构筑物内的敷设,统称为室内配管配线。其分为明配和暗配两种。

1. 导管配线的一般规定

(1)敷设在多尘或潮湿场所的电线保护管、管口及其各连接处均应密封。

(2)当线路暗配时,电线保护管宜沿最近的线路敷设,并应减少弯曲。埋入建(构)筑物内的电线保护管,与建(构)筑物表面的距离不应小于 15 mm。

(3)进入落地式配电箱的电线保护管,排列应整齐,管口宜高出配电箱基础面 50~80 mm。

(4)电线保护管不宜穿过设备或建(构)筑物的基础,当必须穿过时,应采取保护措施。

(5)当电线保护管遇到下列情况之一时,中间应增设接线盒或拉线盒,且接线盒或拉线盒的位置应便于穿线。

1)管长度每超过 30 m,无弯曲。

2)管长度每超过 20 m,有一个弯曲。

3)管长度每超过 15 m,有两个弯曲。

4)管长度每超过 8 m,有三个弯曲。

(6)在 TN-S、TN-C-S 系统中,当金属电线保护管、金属盒(箱)、塑料电线保护管、塑料盒(箱)混合使用时,金属电线保护管和金属盒(箱)必须与保护底线(PE 线)有可靠的电气连接。

2. 配管配线工程施工程序

(1)定位画线。根据施工图纸,确定电器安装位置、导线敷设路径及导线穿过墙壁和楼板的位置。

(2)预留预埋。在土建施工过程中配合土建搞好预留预埋工作,或在土建抹灰前将配线所有的固定点打好孔洞。

(3)装设保护管。

(4)敷设导线。

(5)测试导线绝缘,连接导线。

(6)校验、自检及试通电。

3. 施工工序

(1)线管的选择。线管敷设俗称配管。一般在建筑物顶棚内,宜采用钢管配线。在潮湿、有轻微腐蚀性气体及防爆场所室内明暗敷设,并且有可能受机械外力作用时,应选用管壁较厚的焊接钢管;在室内干燥场所内明、暗敷设,可选用管壁较薄、质量较轻的电线管和套接扣压式薄壁钢导管;在有酸碱性腐蚀或较潮湿的场所明暗敷设,应选用硬塑料管。

(2)线管的加工。线管的加工主要包括管子切割、管子套丝、钢管的防腐蚀处理及管子弯曲等。

(3)线管的连接。

1)钢管连接。钢管与钢管的连接有螺纹连接、套管连接和紧定螺钉等方法。

2)硬质塑料管的连接。硬质塑料管之间以及盒(箱)等器件的连接应采用插入法连接;连接处结合面应涂专用胶粘剂,接口应牢固密封。

4. 线管的敷设

(1)现浇混凝土构件内配管:混凝土浇筑前,用钢丝将管子绑扎在钢筋上,或用钉子钉在木模板上,将管子用钢丝绑牢在钉子上,此时应将管子用垫块垫起,其中垫块可用碎石,垫起厚度要在 15 mm 以上。

(2)地坪内配管:必须在土建浇筑混凝土前埋设,固定方法可用木桩或圆钢等打入地中,再用钢丝绑牢在木桩或圆钢上。为使管子全部埋设在地坪混凝土层内,应将管子垫高,离土层 15~20 mm。

(3)梁内配管:管线竖向穿梁时,应选择梁内受剪力、应力较小的部位穿过,当管线较多时要并排敷设,且管间的间距不应小于 25 mm,并应与土建协商适当加筋。管线横向穿梁时,也应选择从梁受剪力、应力较小的部位穿过,管线横向穿梁时,管线距底箱上侧的距离不小于 50 mm,接头尽量避免放于梁内。灯头盒需设置在梁内时,其管线顺梁敷设时,应沿梁的中部敷设,并可靠固定,管线可煨 90°的弯,从灯头盒顶部的敲落孔进入,也可煨成灯叉弯从灯头盒的侧面敲落孔进入。

5. 配管要求

(1)埋入地下的电线管路不宜穿过设备基础,在穿过建筑物基础时,应加保护管保护。

(2)当电线管路遇到建筑物伸缩缝或沉降缝时,应在伸缩缝或沉降缝的两侧分别装设补偿盒。

(3)为了安全运行,金属导管要进行接地连接,明配管应排列整齐,固定点间距均匀。当管子沿墙、柱或屋架等处敷设时,可用管卡固定;当管子沿建筑物的金属构件敷设时,若金属构件允许电焊,可把厚壁管用电焊直接点焊在钢构件上。

6. 线管的穿线

管内穿线工作一般应在管子全部敷设完毕及建筑物抹灰、粉刷及地面工程结束后进行。在穿线前应将管中的积水及杂物清除干净。在较长的垂直管路中,为防止由于导线的本身自重拉断导线或拉脱接线盒中的接头,导线应在管路中间增设的拉线盒中加以固定。穿线时应严格按照规范进行,不同回路、不同电压等级和交流与直流的导线,不得穿入同一根管内。

导线穿管时,应先穿一根钢丝作引线,当管路较长或弯曲较多时,可在配管时就将引线穿好。拉线时应由两人操作,配合协调,不可硬拉硬送。导线穿入时,管口处应装设护线套保护导线;在不接入接线盒的垂直管口,穿入导线后应将管口密封。

1.2.4 照明灯具的安装

室内普通灯具安装通常有吸顶式、嵌入式、吊顶式、吸壁式四种。

1. 吊灯的安装

根据灯具的悬吊材料不同,吊灯可分为软线吊灯、链条吊灯、钢管吊灯。砖混结构建筑在安装照明装置时,应采用预埋吊钩、螺栓、螺钉、膨胀螺栓或塑料塞固定;当灯具质量大于 3 kg 时,则应预埋吊钩或螺栓进行固定。

2. 吸顶灯的安装

吸顶灯的安装,如图 1-23 所示。

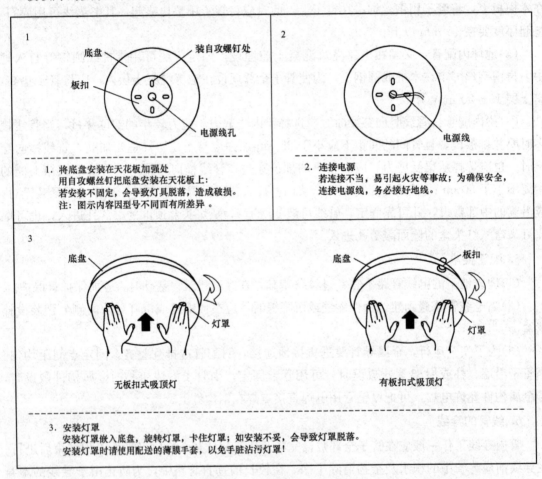

图 1-23 吸顶灯的安装方法

3. 壁灯的安装

先在墙或柱上固定底盘,再用螺钉把灯具紧固在底盘上,壁灯的安装高度为灯具中心距离地面 2.2 m 左右,床头壁灯以 1.2~1.4 m 为宜。

1.2.5 灯具开关、插座的安装

1. 灯具开关的安装

(1)灯具电源的相线必须经开关控制。

(2)开关连接的导线宜在圆孔接线端子内折回头压接(孔径允许折回头压接时)。

(3)多联开关不允许拱头连接,应采用缠绕或 LC 型压接帽压接总头后,再进行分支连接。

(4)安装在同一建筑物的开关,应采用同一系列的产品,开关的通断方向一致,操作灵活,导线压接牢固,接触可靠。

(5)翘板式开关距地面高度设计无要求时,应为 1.3 m,距门口为 150~200 mm;开关不得置于单扇门后。

(6)开关位置应与灯位相对应;并列安装的开关高度一致。

(7)在易燃、易爆和特别潮湿的场所,开关应分别采用防爆型、密闭型,或安装在其他场所进行控制,如图 1-24 所示。

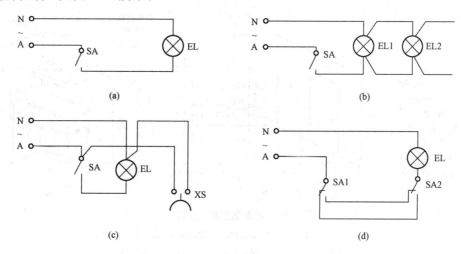

图 1-24 照明控制线路

(a)—一只开关控制一盏灯或多盏灯;(b)—一只开关控制多盏灯;
(c)—一只开关控制一盏灯并与插座相连;(d)—一组双控开关控制一盏灯

2. 插座的安装

(1)单相两孔插座有横装和竖装两种。横装时,面对插座的右极接相线(L),左极接中性线(N);竖装时,面对插座的上极接相线(L),下极接中性线(N)。

(2)单相三孔、三相四孔及三相五孔插座的(PE)或接零(PEN)线均应接在上孔,插座的接地端子不应与零线端子连接。

(3)不同电源种类或不同电压等级的插座安装在同一场所时,外观与结构应有明显区别,不能互相代用,使用的插头与插座应配套。同一场所的三相插座,接线的相序一致。

(4)插座箱内安装多个插座时,导线不允许拱头连接,宜采用接线帽或缠绕形式接线。

(5)车间及实验室等工业用插座,除特殊场所设计另有要求外,距地面不应低于0.3 m。

(6)在托儿所、幼儿园及小学等儿童活动场所应采用安全插座。采用普通插座时,其安装高度不应低于1.8 m。

(7)同一室内安装的插座高度应一致;成排安装的插座高度应一致。

(8)地面安装插座应有保护盖板;专用盒的进出导管及导线的孔洞,用防水密闭胶严密封堵。

(9)在特别潮湿和有易燃、易爆气体及粉尘的场所不应装设插座,如有特殊要求应安装防爆型插座并且有明显的防爆标志。如图1-25所示。

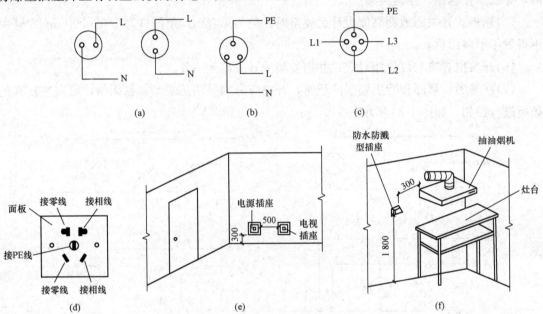

图1-25 插座线路的安装方式

(a)插座接线;(b)插座面板示意;(c)防水防溅插座安装示意;
(d)单相两孔插座;(e)单相三孔插座;(f)三相四孔插座

1.2.6 建筑物照明通电试运行

根据《建筑电气工程施工质量验收规范》(GB 50303—2015)中的要求,建筑电气照明系统施工安装完毕后均需进行通电试运行,主要内容包括:灯具回路控制是否与照明配电箱及回路的标识一致,开关与灯具控制顺序是否相对应,风扇的转向及调速开关是否正常。

我国确定的安全电压为12 V。当空气干燥,工作条件好时,可使用24 V和36 V。12 V、24 V、36 V为我国规定的三个等级的安全电压。

按照触电事故的性质,触电事故可分为电击和电伤。

1.3 建筑电气施工图的识读

电气施工图由首页、电气系统图、电气平面图、电气原理接线图、设备布置图、安装接线图和大样图等组成。

(1)首页。首页主要包括图纸目录、设计说明、图例及主要材料表等。图纸目录包括图纸的名字和编号。设计说明主要阐述该电气工程的概况、设计依据、基本指导思想、图纸中未能表明的施工方法、施工注意事项、施工工艺等。图例及主要材料表一般包括该图纸内的图例、图例名称、设备型号规格、设备数量、安装方法、生产厂家等。

(2)电气系统图。电气系统图是表现整个工程或其中某个工程供电方案的图样，它集中反映了电气工程的规模。

(3)电气平面图。电气平面图是表现电气设备与线路平面布置的图纸，它是进行电气安装的重要依据。电气平面图包括电气总平面图、电力平面图、照明平面图、变电所平面图、防雷与接地平面图等。

电力及照明平面图表示建筑物内各种设备与线路之间平面布置的关系、线路敷设位置、敷设方式、线管与导线的规格、设备的数量、设备型号等。在电力及照明平面图上，设备并不按比例画出它们的形状，通常采用图例表示，导线与设备的垂直距离和空间位置一般也不另用立面图表示，而是标注安装标高，以及附加必要的施工说明。

(4)电气原理接线图。电气原理接线图是表现某设备或系统的电气工作原理的图纸，用来指导设备与系统的安装、接线、调试、使用与维护。电气原理接线图包括整体式原理接线图和展开式原理接线图两种。

(5)设备布置图。设备布置图是表现各种电气设备的位置、安装方式和相互关系的图纸。设备布置图主要由平面图、立面图、断面图、剖面图及构件详图等组成。

(6)安装接线图。安装接线图是表现设备或系统内部各种电气元件之间连线的图纸，用来指导接线与查线，它与原理图相对应。

(7)大样图。大样图是表现电气工程中某一部分或某一部件的具体安装要求与做法的图纸。其中一部分选用的是国家标准图。

1.3.1 电缆的组成

1. 电缆的定义

电缆是一种多芯导线，在电路中起着输送和分配电能的作用。

2. 电缆的组成

电缆由线芯、绝缘层、保护层组成。

3. 电缆的种类

(1)电力电缆。电力电缆基本结构一般由导电线芯(输送电流)、绝缘层(将电线芯与相邻导体以及保护层隔离,用来抵抗电力、电流、电压、电场对外界的作用)和保护层(使电缆适用于各种使用环境,而在绝缘层外面所施加的保护覆盖层)三个主要部分组成,如图 1-26 所示。电力电缆是用来输送和分配大功率电能的,如聚氯乙烯绝缘聚氯乙烯护套电力电缆和交联聚乙烯绝缘聚氯乙烯护套电力电缆。

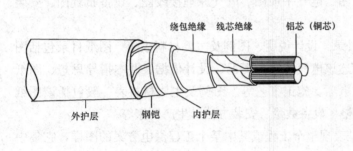
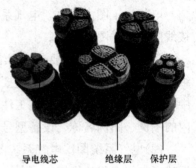

图 1-26 线芯结构

1)聚氯乙烯绝缘聚氯乙烯护套电力电缆。

例:VV22—4×120+1×50

表示 4 根截面为 120 mm² 和 1 根截面为 50 mm² 的铜芯聚氯乙烯绝缘,钢带铠装聚氯乙烯护套五芯电力电缆。

VV22 为铜芯聚氯乙烯绝缘聚氯乙烯护套双钢带铠装电力电缆。

2)交联聚乙烯绝缘聚氯乙烯护套电力电缆。

例:YJV22—4×120

表示 4 根截面为 120 mm² 的铜芯交联聚乙烯绝缘,钢带铠装聚氯乙烯护套四芯电力电缆。

(2)控制电缆。控制电缆用于传输控制电流。常用控制电缆有 KVV 和 KVLV。

(3)通信电缆。通信电缆用于传输信号和数据。常用电话电缆有 HYY 和 HYV;常用同轴射频电缆有 STV—75—4。

(4)电缆附件。电缆终端头在电缆与配电箱的连接处;一根电缆两个电缆头;电缆中间头用于电缆的延长,可每隔 250 m 设一个。如图 1-27 所示。

4. 电缆的型号

电缆的型号,详见表 1-2。

表 1-2 电缆型号

绝缘代号	导体代号	内护层代号	特征代号	外护层代号	
				第 1 数字	第 2 数字
Z—纸绝缘 X—橡皮绝缘 V—聚氯乙烯 YJ—交联聚乙烯	T—铜(可省略) L—铝	Q—铅包 L—铝包 H—橡套 V—聚氯乙烯 Y—聚乙烯	D—不滴流 P—贫油式 (即干绝缘) F—分相铅包	2—双钢带 3—细圆钢丝 4—粗圆钢丝	1—纤维绕包 2—聚氯乙烯 3—聚乙烯

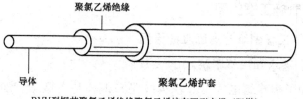

BVV型铜芯聚氯乙烯绝缘聚氯乙烯护套圆形电缆（阻燃）

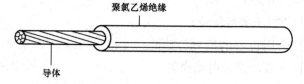

BVR型铜芯聚氯乙烯绝缘软电线（阻燃）

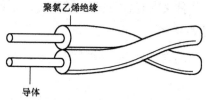

BVS型铜芯聚氯乙烯绝缘绞型连接用硬电线（阻燃）

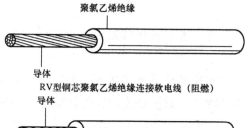

RV型铜芯聚氯乙烯绝缘连接软电线（阻燃）

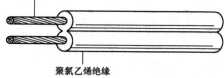

RVB型铜芯聚氯乙烯绝缘扁形无护套软线（阻燃）

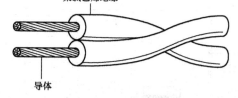

RVS型铜芯聚氯乙烯绝缘绞丝形连接用软电缆（阻燃）

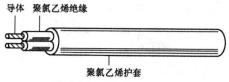

RVV型铜芯聚氯乙烯绝缘聚氯乙烯护套电缆

图 1-27 电缆种类

1.3.2 常用电气施工图的图例

1.3.2.1 读电气工程图纸感觉困难的原因

1. 对电气工程的基本知识不了解

解决办法：主动了解建筑电气工程基本线路知识和基本概念。如单相电、三相电、回路、控制、接地、等电位连接、防雷等。

2. 对图形符号不了解（主要是设备）

解决办法：了解最常用设备的型号、功能、规格、接线、安装等，掌握这些设备的图形符号，如开关、插座、变压器、电动机等。

3. 对文字符号不了解

解决办法：掌握最常用的几种文字标注形式，如导线、灯具、配电设备的标注。

4. 对电气施工的基本方法不了解

解决办法：学习施工知识，到施工现场多看多问。

5. 对线路的功能不了解

解决办法：掌握最常用几种线路的功能，如照明线路、动力线路、低压配电线路等。

1.3.2.2 图例

图例是工程中的材料、设备、施工方法等用一些固定的、国家统一规定的简单图形和文字符号来表示的形式。

图形符号：图形符号具有明显的设备外形表意，对初学者认知图形符号具有很好的指导作用。掌握一定量最常用的图例，对提高读图速度是很有帮助的。常见的图例见表1-3。

表1-3 常用电气图例符号

图形符号	文字说明	图形符号	文字说明	图形符号	文字说明
	常开触点		常闭触点		断路器
	隔离开关		负荷开关		熔断器
	屏、台、箱柜一般符号		动力或动力照明配电箱		照明配电箱
	应急照明配电箱		多种电源箱（计量箱）		带熔断器的开关箱
	断路器箱		带熔断器的刀开关箱		按钮一般符号
	带指示灯的按钮				

续表

图形符号	文字说明	图形符号	文字说明	图形符号	文字说明
	单极开关		灯的一般符号		带接地插孔单相插座
	暗装单极开关		应急灯		带接地插孔密闭（防水）单相插座
	双极开关		防爆灯		带接地插孔防爆单相插座
	暗装双极开关		闪光型信号灯		投光灯
	开关		自带电源的应急照明灯		防水防尘灯
	单极拉线开关		顶棚灯		花灯
	三极开关		弯灯		壁灯
	暗装三极开关	--------	事故照明线		向上配线
	防水三极开关		电铃		导线、电路、电源线路、母线符号
	密闭防水单极开关		带接地插孔三相插座		三根线、n根线
	钥匙开关		带接地插孔暗装三相插座		防爆荧光灯
	单相插座		带接地插孔密闭防水三相插座		球形灯
	暗装单相插座		带接地插孔防爆三相插座		荧光灯
	密闭（防水）单相插座				双管荧光灯
	防爆单相插座				向下配线

· 27 ·

续表

图形符号	文字说明	图形符号	文字说明	图形符号	文字说明
Ⓥ	电压表	Ⓐ Isinφ	无功电流表	⊙	同步指示器
Ⓐ	电流表	cosφ	功率因数表	ⓝ	转速表
		var	无功功率表	Wh	电能表
↑	检流计	φ	相位表	varh	无功电能表

文字符号：电气工程图纸为了能清楚地表达线路的性质、规格、数量、功率、敷设方法、敷设部位等内容，常常用大量的文字符号进行标注。在图纸中要掌握好用电设备、配电设备、线路、灯具等的标注形式，是读图的关键。

1.3.3 图纸识读

1. 识读方法

(1)首先看首页。先看图纸目录，了解整个工程由哪些图纸组成，主要项目有哪些等。

(2)阅读施工设计说明，了解工程的设计思路、项目概况、施工方法、注意事项等。可以先粗略看，再细看，并理解其中每句话的含义。

(3)结合设备材料表看图形和文字符号、设备型号、安装方法等。该套图纸中的图例一般在图例及主材表中大部分写出来了，在表中对图例的名称、型号、规格和数量等都有详细的标注，所以要注意结合图例及主材表看图。

(4)各专业图纸相互对照综合看图。一套建筑图纸，是由各专业图纸组成的，而各专业图纸之间又有密切的联系。因此，看图时还要将各专业图纸相互对照，综合看图。

(5)结合实际看图。看图最有效的方法是结合实际工程看图。一边看图，一边观看具体施工。一个工程下来，既能掌握一定的电气工程知识，又能较好地掌握电气施工图纸的读图方法，收效较快。建筑电气平面图纸分类如图1-28所示。

2. 图纸特点

(1)电气图与建筑图相结合。电气图用粗实线，并详细标出文字符号及型号规格。建筑图用细实线，只画出与电气安装有关的轮廓线，注出与电气安装相关的尺寸。

(2)图中不必考虑电气装置实物的形状及大小，只考虑其安装位置。

(3)图中只表示设备间的相互连接，并不具体注明端子间的连接。

(4)电气连接线只用单线和连续线表示。

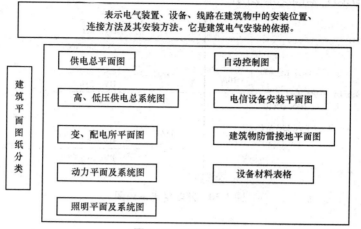

图 1-28 图纸分类

3. 实例

电气照明平面图，如图 1-29 所示。

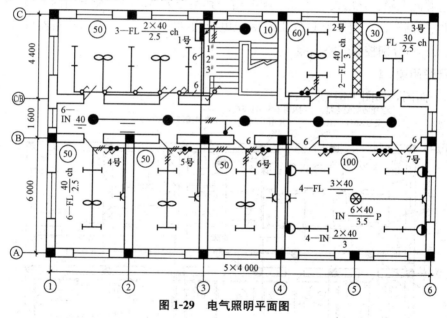

图 1-29 电气照明平面图

图纸施工说明：

(1)该层层高为 4 m，净高为 3.88 m，楼面为预制混凝土板，墙体为一般砖结构，墙厚 240 mm。

(2)导线及配线方式：电源引自第五层，总干线为 BV－2×10－PVC25－WC；分干线 (1～3)为 BV－2×6－PVC20－WC；各分支线为 BV－2×2.5－PVC15－WC。

(3)配电箱为 XM1-16. 并按系统图接线。

(4)本图采用的电气图形符号含义见表 1-3。

【示例图阅读1】

照明供电系统图,如图1-30所示。

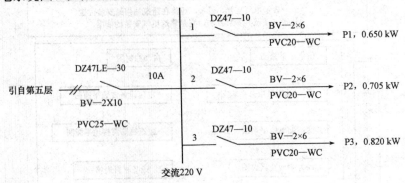

图1-30 照明供电系统图

(1)电源进线:电源引自第五层、垂直引入,线路标号为"PG"(配电干线),导线型号为BV(铜芯塑料绝缘导线)2根,截面面积为10 mm²。穿入电线管(PVC),管径为25 mm,沿墙暗敷(WC)。

(2)电源配电箱:该层设一个照明配电箱,其型号为XM1-6。配电箱内安装一带漏电保护的单相空气断路器,型号为DZ47LE(额定电流为30 A)。三个单相断路器(DZ47-10,额定电流为10 A)分别控制三路出线。

【示例图阅读2】

照明平面图,如图1-31所示。

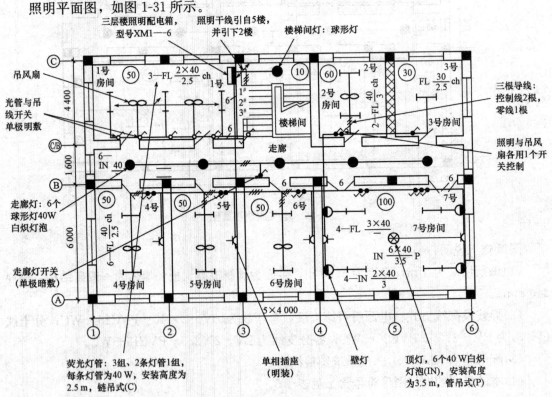

图1-31 照明平面图

(1)从照明平面图上可统计出该楼层照明设备与其他用电设备的数量:各种灯具 27 个,电扇 6 个,插座 5 个,开关 21 个。

(2)照明灯有荧光灯、吸顶灯、壁灯、花灯(H)(6 管荧光灯)等。

(3)灯具的安装方式有:链吊式(C)、管吊式(P)、吸顶式、壁式(W)、嵌入式(R)等。

如 1 号房间:3—YG2—2—2×40/2.5 C,该房间有 3 个荧光灯(YG2),每灯 2 支 40 W 灯管,安装高度为 2.5 m,链吊式(C)安装。

如走廊及楼道:6—J—1×40,走廊与楼道共 6 个灯,水晶底罩灯(J),每灯 40 W,吸顶安装。

【示例图阅读3】

导线种类及配线方式:总干线:BV—2×10—PVC25—WC;分干线(1~3):BV—2×6—PVC20—WC,其中 BV:塑料绝缘铜芯导线;2×6:2 根截面面积 6 mm²;PVC20:采用 PVC 管;WC:沿墙暗敷。如图 1-32~图 1-34 所示。

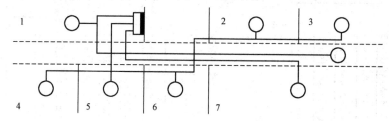

图 1-32 配电示意图

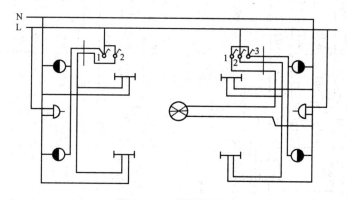

图 1-33 7 号房间详图

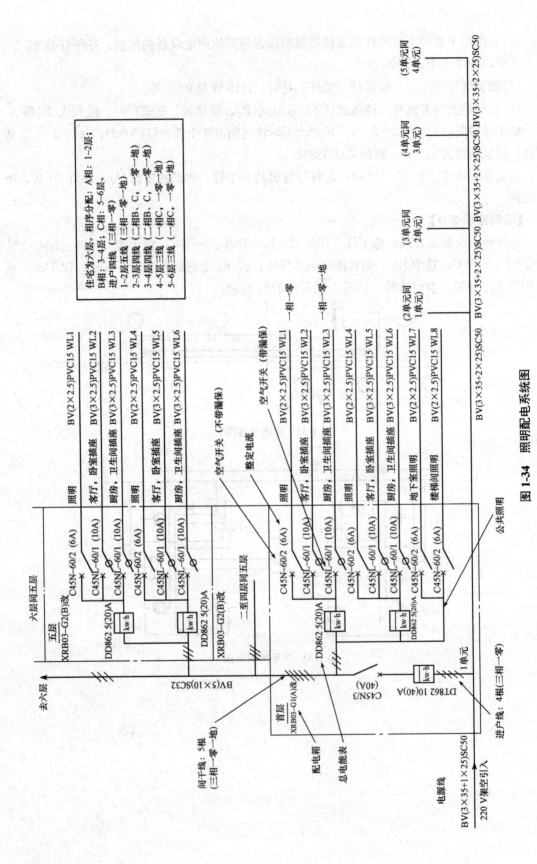

图 1-34 照明配电系统图

练习题

一、单选题

1. 各类建筑电气系统一般都是由( )部分组成的。
   A. 四　　　　B. 三　　　　C. 二　　　　D. 一
2. BV—3×25—PC40—CC 的照明线路依次注明了线路的( )。
   A. 规格型号、敷设方式、敷设部位　　B. 规格型号、敷设部位、敷设方式
   C. 敷设方式、规格型号、敷设部位　　D. 敷设部分、规格型号、敷设方式
3. 4 YJV22—3×120 为铜芯交联聚乙烯绝缘，钢带铠装聚氯乙烯护套电力电缆共( )根( )芯。
   A. 4，3　　　B. 1，3　　　C. 3，4　　　D. 1，1

二、多选题

1. 照明线路敷设有( )。
   A. 明装　　　B. 明敷　　　C. 暗装　　　D. 暗敷
2. 低压配电系统的配电方式有( )。
   A. 放射式　　B. 树干式　　C. 混合式　　D. 桥架式
3. 灯具按照明均匀布置方式可分为( )。
   A. 菱形布置　　　　　　　　　B. 正方形布置
   C. 矩形布置　　　　　　　　　D. 选择性布置

三、问答题

1. 简述电气设备安装工程图的识读方法。
2. 简述建筑电气照明系统按照明方式可以分为哪几类。
3. 简述电力电缆的组成及分类。

模块 2　防雷与接地系统安装工艺与识图

知识目标

1. 掌握防雷与接地系统的组成与工作原理。
2. 掌握识读防雷与接地系统施工图的方法。
3. 掌握常用的防雷与接地系统的形式。
4. 熟悉防雷与接地系统安装工艺。
5. 了解建筑物所采用的防雷措施与材料。

防雷与接地系统
安装工艺与识图

能力目标

通过本模块的学习能够看懂不同建筑的防雷与接地系统施工图。

2.1　雷电的种类与危害

雷电现象是自然界大气层在特定条件下形成的，是由雷云（带电的云层）对地面建筑物及大地的自然放电引起的，它会对建筑物或设备造成严重破坏。

1. 雷电的种类

（1）直击雷。直击雷是雷云直接对建筑物或地面上的其他建筑物放电的现象。雷云放电时，引起很大的雷电流，可达几百千安，从而产生极大的破坏作用。

（2）雷电感应。雷电感应是雷电的二次作用，即雷电流产生的电磁效应和静电效应作用。

在雷云向其他地方放电后，云与大地之间的电场突然消失，但聚集在建筑物的顶部或架空线路上的感应电荷不能很快全部汇入大地，所形成的高电位往往造成屋内电线、金属管道和大型金属设备放电，击穿电气绝缘层或引起火灾、爆炸。

（3）雷电波侵入。当架空线路或架空金属管道遭受雷击，或与遭受雷击的物体相碰，以及由于雷云在附近放电，在导线上感应出很高的电动势，沿线路或管路将高电位引进建筑物内部，称为雷电波侵入或高电位引入。

2. 雷电对建筑物的危害

雷电是常见的一种自然现象，即天空云层间放电的一种现象，雷击时释放的可观能量，可使受雷击的物体遭到严重损害，具体表现为：雷击对地面产生的直接雷击；感应雷击；

雷击产生机械力；雷击产生跨步电压。

建筑物的性质、结构所处的位置等决定受雷击的程度，例如屋面、屋脊及突出高的建筑物等。

3. 建筑物的防雷措施

建筑物的防雷措施是根据工程性质和发生雷击部位后所产生的后果来划分的。

(1)民用建筑：依据建筑物、构筑物的重要程度和高度不同划分为一级、二级、三级三类，并分别采用一级、二级、三级防雷建筑物的保护措施。

(2)工业建筑：依据生产特点和发生雷击部位后可能产生的后果划分为一类、二类、三类，并分别采用一类、二类、三类建筑工业建筑物和构筑物的防雷措施。

(1)第一类防雷建筑物：凡制造、使用或储存炸药、火药、起爆药、人工品等大量爆炸物质的建筑物，因电火花而引起爆炸，会造成巨大破坏和人身伤亡者。

具体防雷措施：

1)为防止直击雷，一类防雷建筑物安装的避雷网或避雷带的网格不应大于 10 m×10 m，保证屋面上任何一点距避雷带或避雷网都不大于 5 m。凸出屋面的物体，应沿其顶部装避雷针，避雷针的保护范围可按 45°计算。一类防雷建筑物的引下线不应少于两根，引下线间的距离不应大于 24 m。一类防雷建筑物的接地装置，要求冲击接地电阻不大于 10 Ω。

2)处在雷电活动强烈地区的一类防雷建筑物，其防雷保护措施应满足以下要求：

①建筑物顶部装设避雷网。

②建筑物的防雷引下线的间距不应大于 12 m。

③在建筑物的每层都设置沿建筑物周边分布的水平均压环。所有的引下线、建筑物内的金属结构和金属物体都要与均压环相连接。

④防雷接地装置应围绕建筑物敷设，冲击接地电阻要求不大于 5 Ω。

⑤全线采用地下电缆引入。

⑥建筑物内电气线路采用铁管配线。

⑦建筑物外墙的金属栅栏、金属门窗等较大的金属物体，与防雷装置连接。

⑧进入建筑物的埋地金属管道，在其进入室内处应与防雷接地装置连接。

⑨除有特殊要求外，各种接地与防雷接地装置可共用。

当一类防雷建筑物是 30 m 以上的高层建筑时，宜采取防侧击雷的保护措施，其要求如下：

1)建筑物顶部设避雷网，从 30 m 以上起，每 3 层沿建筑物周边设一条避雷带。

2)30 m 以上的金属栏杆、门窗等较大的金属物体应与防雷装置连接。

3)每隔 3 层设置沿建筑物周边分布的水平均压环，所有引下线、建筑物内部的金属结构及金属物体均连在环上。

4)防雷引下线的间距不大于 18 m。

5)接地装置应围绕建筑物周围敷设并构成闭合回路，冲击接地电阻应小于 5 Ω。

6)进入建筑物的埋地金属管线，在进入建筑物处与防雷接地装置相连接。

7)垂直敷设的主干金属管道尽量设在建筑物的中部和屏蔽的竖井中。

8)垂直敷设的电气线路,在适当部位装设带电部分与金属外壳间的击穿保护设置,建筑物内电气线路采用铁管配线。

9)除有特殊要求的接地以外,各种接地装置与防雷接地装置可共用。

(2)遇下列情况之一时,应划为第二类防雷建筑物:

1)国家级重点文物保护的建筑物。

2)国家级的会堂、办公建筑物、大型展览和博览建筑物、大型火车站、国宾馆、国家级档案馆、大型城市的重要给水泵房等特别重要的建筑物。

3)国家级计算中心、国际通信枢纽等对国民经济有重要意义且装有大量电子设备的建筑物。

4)制造、使用或储存爆炸物质的建筑物,且电火花不易引起爆炸或不致造成巨大破坏和人身伤亡者。

5)工业企业内有爆炸危险的露天钢质封闭气罐。

具体防雷措施:

1)为防止直击雷,二类防雷建筑物一般采取在建筑物易受雷击的部位设避雷带作为接闪器,并保证屋面上任何一点到避雷的距离带不大于10 m。屋面上的突出部分一般可沿其顶部设环状避雷带。二类防雷建筑物的引下线不应少于两根,引下线的间距不应大于30 m,接地装置的冲击接地电阻不应大于10 Ω。

2)当二类防雷建筑是30 m以上的高层建筑时,宜采取防侧击雷的保护措施,其要求如下:

①自30 m以上起每3层沿建筑物周边设一条避雷带。

②30 m以上的金属栏杆、门窗等较大的金属物体应与防雷装置连接。

③每隔3层设置沿建筑物周边分布的水平均压环,所有引下线、建筑物内的金属结构和金属物体连在环上。

④防雷引下线的间距不大于24 m。

⑤接地装置应围绕建筑物敷设并构成闭合回路,冲击接地电阻应小于5 Ω。

⑥进入建筑物的埋地金属管道与防雷接地装置相连接。

⑦垂直敷设的主干金属管道尽量埋在建筑物的中部和屏蔽的管道中。

⑧垂直敷设的电气线路,在适当部位装设带电部分与金属外壳间的击穿保护装置。

⑨除有特殊要求的接地以外,各种接地装置与防雷接地装置可共用。

(3)在可能发生对地闪击的地区,遇下列情况之一时,应划为第三类防雷建筑物:

1)省级重点文物保护的建筑物及省级档案馆。

2)省级办公建筑物和其他重要或人员密集的公共建筑物,以及火灾危险场所。

3)住宅、办公楼等一般性民用建筑物或一般性工业建筑物。

4)高度在15 m及以上的烟囱、水塔等孤立的高耸建筑物。

具体防雷措施:

1)为防止直击雷,三类防雷建筑物一般在易受雷击部位装设避雷带或避雷针。采用避雷带保护时,屋面上任何一点距避雷带应不大于10 m。采用避雷针保护时,单针的保护范围可按 60°计算。采用多针保护时，两针间距不宜大于 30 m，或满足下列要求：

$$D \leqslant 15h$$

式中　D——两针间距(m)；

　　　h——避雷针的有效高度(即突出建筑物的高度，m)。

三类防雷建筑物的引下线不应少于两根，引下线的间距不应大于 30 m，最大不得超过 40 m。周长和高度都不超过 40 m 的建筑物及烟囱，其防雷引下线可用一根。三类防雷建筑物的接地装置，其冲击接地电阻不应大于 30 Ω。

2)为了防止雷电波沿低压架空线侵入三类防雷建筑物，可在架空线的入户处或接户杆上将绝缘子铁脚与接地装置相连。进入建筑物的架空金属管道，在入户处也应该与接地装置相连。

3)不设防雷装置的三类防雷建筑物，在符合下列条件之一的非人员密集场所，绝缘子铁脚可以不接地。

①年平均雷暴日在 30 天以下的地区。

②受其他建筑物等屏蔽的地方。

③低压架空线的接地点距入户处不超过 50 m。

④土壤电阻率在 200 Ω·m 以下的地区，以及使用铁横担的钢筋混凝土杆线路。

2.2　防雷装置及其安装

防雷装置的接地类型有安全接地、防雷接地、工作接地和屏蔽接地。

1. 安全接地

安全接地是将机壳接入大地。一方面是防止机壳上累积电荷，产生静电放电而危及设备和人员安全；另一方面是当设备的绝缘损坏而使机壳带电时，促使电源的保护作用而切断电源，以便保护工作人员的安全。独立的安全保护接地电阻应小于等于 4 Ω。

2. 防雷接地

防雷接地可理解为两个概念：一是防雷，防止因雷击而造成损害；二是静电接地，防止静电产生危害。

防雷接地系统接地体一般利用智能大厦桩基，桩基上端钢筋通过承台钢筋连在一起；防雷接地系统引下线一般利用柱子内钢筋；防雷接闪器用接闪带和接闪杆相结合的方式，智能大厦 30 m 及以上，每三层用圈梁钢筋与柱钢筋连在一起构成均压环；接地电阻要求小于 1 Ω。

上述两种接地主要为安装考虑，均须直接接在大地上。

3. 工作接地

工作接地的作用是保持系统电位的稳定性，即减轻低压系统由高压窜入低压系统所产生过电压的危险性。如没有工作接地，则当 10 kV 的高压窜入低压时，低压系统的对地电压上升为 5 800 V 左右。

当配电网一相故障接地时,工作接地也有抑制电压升高的作用。如没有工作接地,发生一相接地故障时,中性点对地电压可上升到接近相电压,另两相对地电压可上升到接近线电压。如有工作接地,由于接地故障电流经工作接地成回路,对地电压的"漂移"受到抑制,在线电压 0.4 kV 的配电网中。中性点对地电压一般不超过 50 V,另外两相对地电压一般不超过 250 V。

4. 屏蔽接地

为了防止电磁干扰,在屏蔽体与地或干扰源的金属壳体之间所做的永久良好的电气连接称为屏蔽接地。

为防止智能化大楼内电子计算机机房干燥环境产生的静电对电子设备的干扰而进行的接地称为防静电接地。防静电接地电阻一般要求小于等于 100 Ω。

屏蔽与接地应当配合使用,才能起到良好的屏蔽效果。

2.2.1 防雷装置的组成

建筑物的防雷装置一般由接闪器、引下线和接地装置三部分组成。其作用原理是将雷电引向自身并安全导入大地内,从而使被保护的建筑物免遭雷击。建筑物的耐雷水平是指建筑防雷系统承受最大雷电流冲击而不至于损坏时的电流值。

1. 接闪器

接闪器是用来接受直接雷击的金属物体。其形式可分为接闪杆(避雷针)、接闪带(避雷带)、接闪线(避雷线)、接闪网(避雷网)以及兼作接闪的金属屋面和金属构件(如风管、金属烟囱)等。接闪器布置应符合表 2-1 的规定。布置接闪器时,可单独或任意组合采用滚球法、接闪带及接闪网。所有接闪器必须经过接地引下线与接地装置相连接。

表 2-1 接闪器布置

建筑物防雷类别	滚球半径 hr/m	接闪网网格尺寸/m
第一类防雷建筑物	30	≤5×5 或 ≤6×4
第二类防雷建筑物	45	≤10×10 或 ≤12×8
第三类防雷建筑物	60	≤20×20 或 ≤24×16

一般情况下,明敷接闪导体和引下线固定支架的间距不宜大于表 2-2 的规定。固定支架的高度不宜小于 150 mm。

表 2-2 明敷接闪导体和引下线固定支架的间距

布置方式	扁形导体和绞线固定支架的间距/mm	单根圆形导体固定支架的间距/mm
安装于水平面上的水平导体	500	1 000
安装于垂直面上的水平导体	500	1 000
安装于从地面至高 20 m 垂直面上的垂直导体	1 000	1 000
安装在高于 20 m 垂直面上的垂直导体	500	1 000

(1)接闪杆。避雷针是以前的叫法,在《建筑物防雷设计规范》(GB 50057—2010)中,已经取消了这一称呼,而称之为接闪杆。之所以将避雷针改名为接闪杆,是因为以前的名称不科学,没有反映出接闪杆的原理。避雷针刚刚出现在我国时,人们以为它可以避免房屋遭受雷击,所以称其为避雷针。但事实上,避雷针保护建筑物的方式并不是避免房屋遭受雷击,而是引雷上身,然后通过其引下线和接地装置,将雷电流引入地下,从而起到保护建筑物的作用。正因为这个原因,也有人建议将避雷针改名为引雷针,但总的来说,还是接闪杆这个名称最为贴切。

接闪杆是安装在建筑物突出部位或独立装设的针形导体。在雷云的感应下,将雷云的放电通路吸引到接闪杆本身,完成接闪杆的接闪作用,由它及与它相连的引下线和接地体将雷电流安全导入大地中,从而保护建筑物和设备避免遭受雷击。接闪杆的形状如图 2-1 所示。

图 2-1 接闪杆的形状

接闪杆通常采用镀锌圆钢或镀锌钢管制成,适用于保护细高的建筑物或构筑物、露天变配电装置、电力线路等。接闪杆的接闪端宜做成半球状,其弯曲半径为 4.8~12.7 mm。当杆长在 1 m 以下时,圆钢直径大于等于 12 mm,钢管直径大于等于 20 mm;当杆长在 1~2 m 时,圆钢直径大于等于 16 mm,钢管直径大于等于 25 mm。烟囱上的接闪杆,圆钢直径大于等于 20 mm,钢管直径大于等于 40 mm。独立接闪杆适用于保护较低矮的库房和厂房,特别适用于那些要求防雷导线与建筑物内各种金属及管线隔离的场合。也可使用海胆状多针接闪杆,如北京国家奥林匹克体育中心游泳馆有两组各有 12 根的针式接闪杆。

(2)接闪带和接闪网。接闪带是指沿屋脊、山墙、通风管道以及平屋顶的边沿等最可能受雷击的地方辐射的导线,如屋脊、屋檐、屋角、女儿墙和山墙等。当屋顶面积很大时,采用接闪网,它是为了保护建筑物的表层不被击坏。接闪网和接闪带宜采用镀锌圆钢或扁钢,应优先选用圆钢,其直径不应小于 8 mm,扁钢宽度不应小于 12 mm,厚度不应小于 4 mm。

接闪网也可以做成笼式避雷网,就是把整个建筑物的梁、柱、板、基础等主要结构钢筋连成一体。

(3)接闪线。接闪线适用于长距离高压供电线路的防雷保护。架空接闪线和接闪网宜采用截面面积大于 35 mm² 的镀锌钢绞线。接闪线的作用原理与接闪杆相同,只是保护范围要小一些。

2. 引下线

引下线是连接接闪器和接地装置的金属导体,采用圆钢或扁钢,一般优先采用圆钢。引下线分为明装和暗装两种形式。

专设引下线应沿建筑物外墙外表面敷设，并经最短路径接地。建筑艺术要求较高的建筑物可以暗敷，但其圆钢直径不应小于 10 mm，扁钢截面不应小于 80 mm^2。

引下线的选择：采用圆钢时，直径不应小于 8 mm，采用扁钢时，其截面不应小于 48 mm^2，厚度不应小于 4 mm。烟囱上安装的引下线，圆钢直径不应小于 12 mm，扁钢截面不应小于 100 mm^2，厚度不应小于 4 mm。

暗装引下线通常采用结构柱钢筋作引下线，但钢筋直径不能小于 12 mm。建筑物的钢梁、钢柱、消防梯等金属构件以及幕墙的金属立柱宜作为引下线，但其各部件之间均应连成电气贯通，例如，采用铜锌合金焊、熔焊等。

当利用混凝土内钢筋、钢柱作为自然引下线并同时采用基础接地体时，可不设断接卡，利用钢筋作引下线时，应在室内外的适当地点设若干连接板，该连接板可供测量、人工接地和作等电位连接用。当仅利用钢筋作引下线并采用埋于土壤中的人工接地体时，应在每根引下线上于距地面不低于 0.3 m 处设接地体连接板。采用埋于土壤中的人工接地体时应设断接卡，其上端应与连接板或钢柱焊接。连接板处宜有明显标志。

暗装引下线利用钢筋混凝土中的钢筋作引下线时，最少应利用四根柱子，每柱中至少用到两根主筋。

3. 接地装置

接地装置是接地体（接地极）和接地线的总和。它把引下线引下的雷电流迅速流散到大地土壤中去。接地装置埋在土壤中的部分，其连接宜采用放热焊接；当采用通常的焊接方法时，应在焊接处作防腐处理。

(1)接地体。接地体是埋入土壤中或混凝土基础中作散流用的导体。按其敷设方式可分为垂直接地体和水平接地体。

接地体一般采用 φ19 或 φ25 的圆钢，或∟40×4 或∟50×5 的角钢；钢管为 DN50。

接地极埋深不小于 0.6 m，垂直接地体长度不小于 2.5 m，其间距不小于 5 m，两接地极间采用接地母线即扁钢焊接。为防止跨步电压对人体的伤害，接地体距外墙不小于 3 m，避开人行道不小于 1.5 m。

垂直接地体可采用边长或直径 50 mm 的角钢或钢管，长度宜为 2.5 m，每间隔 5 m 埋一根，顶端埋深为 0.7 m。用水平接地线将其连成一体。角钢厚度不应小于 4 mm，钢管壁厚不应小于 3.5 mm，圆钢直径不应小于 10 mm。

埋于土壤中的人工垂直接地体宜采用热镀锌角钢、钢管或圆钢；埋于土壤中的人工水平接地体宜采用热镀锌扁钢或圆钢。人工接地体长度宜为 2.5 m，其间距以及人工水平接地体的间距均为 5 m。埋设深度不应小于 0.5 m，并宜敷设在地冻土层以下，其距墙或基础不宜小于 1 m。接地体宜远离因烧窑、烟道等高温影响而使土壤电阻率升高的地方。

在腐蚀性较强的土壤中，应采取热镀锌等防腐措施或加大截面面积。埋接地体时，应将周围填土夯实，不得回填砖石、灰渣类的杂土。通常接地体均应采用镀锌钢材，土壤有腐蚀性时，应适当加大接地体和连接线的截面，并加厚镀锌层。

接地体也可以沿建筑物四周砸一圈垂直接地体，即周围式接地方式。这时，不需要离开外墙 3 m，而以靠近建筑物基础沟槽的外沿敷设为合理。因为它与基础钢筋距离较近，能起到均衡电位的效果。如果能够采用建筑物的基础主筋作接地体效果更好，不仅可以节省钢材，而且接地电阻也较小。

（2）接地线。接地线是从引下线断接卡或换线处至接地体的连接导体，也是接地体与接地体之间的连接导体。接地线一般为镀锌扁钢或镀锌圆钢，其截面应与水平接地体相同。防直击雷的专设引下线距建筑物出入口或人行道边沿不宜小于 3 m。

接地干线。接地干线是室内接地母线，12 mm×4 mm 的镀锌扁钢或直径为 6 mm 的镀锌圆钢。接地线跨越变形缝时应设补偿装置。多个电气设备均与接地干线相连接时，不允许串联。

接地支线。接地支线是室内各电气设备接地线多采用多股绝缘铜导线，与接地干线用并沟线夹连接。

与变压器中性点连接的接地线，户外一般采用多股铜绞线，户内多采用多股绝缘铜导线。

2.2.2 防雷装置的安装

1. 接闪器的安装

接闪器的安装主要包括接闪杆的安装和接闪带（网）的安装。

（1）接闪杆的安装。屋面接闪杆安装、地脚螺栓和混凝土制作应在屋面施工中由土建人员浇筑好混凝土，地脚螺栓应预埋在支座内，且至少有两根与屋面、墙体或梁内钢筋焊接。待混凝土强度满足施工要求后，再安装接闪杆，连接引下线。

施工前，先组装好接闪杆，在接闪杆支座底板上相应的位置，焊上一块肋板，再将接闪杆立起，找直、找正后进行点焊，最后加以校正，焊上其他三块肋板。

接闪杆要求安装牢固，并与引下线焊接牢固，屋面上有接闪带（网）的还要与其焊成一个整体，如图 2-2 所示。

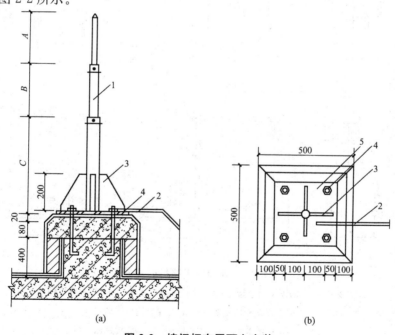

图 2-2 接闪杆在屋面上安装

1—接闪杆；2—引下线；3—100 mm×8 mm；4—25 mm×350 mm 地脚螺栓；5—300 mm×8 mm

（2）接闪带（接闪网）的安装。接闪带通常安装在建筑物的屋脊、屋檐（坡屋面）或屋顶边缘及女儿墙顶（平屋顶）等部位对建筑物进行保护，避免建筑物受到雷击毁坏。

接闪网一般安装于较重要的建筑物，接闪带和接闪网，如图2-3所示。

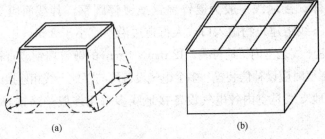

图2-3 屋顶接闪带及接闪网示意

(a)接闪带；(b)接闪网

1）明装接闪带（网）的安装应符合下列要求：

①支座、支架制作。根据敷设部位不同，明装接闪带（网）支持件的形式也不相同，支架一般用圆钢或扁钢制作，形式多种多样，如图2-4所示。

在屋脊上固定支座和支架，水平间距为1～1.5 m，转弯处为0.25～0.5 m。

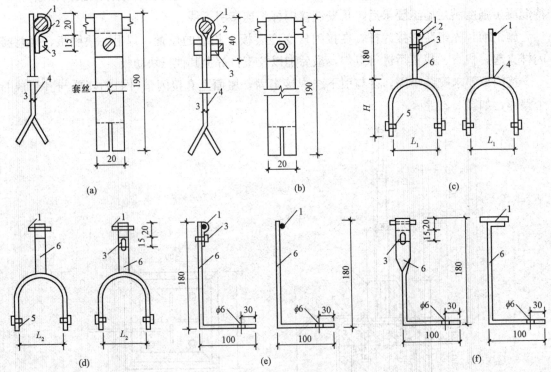

图2-4 明装接闪带（网）支架

(a)支座内支架一；(b)支座内支架二；(c)古建筑脊上支架一；(d)古建筑脊上支架二；
(e)古建筑檐口支架一；(f)古建筑檐口支架二

1—接闪带（网）；2—扁钢卡子；3—M5机螺栓；

4——20 mm×3 mm 支架；5—M6机螺栓；6——25 mm×4 mm 支架

②明装接闪带(网)安装。明装接闪带(网)应采用镀锌圆钢或扁钢制成。镀锌圆钢直径应为 φ12。镀锌扁钢为 25 mm×4 mm 或 40 mm×4 mm。在使用前，应对圆钢或扁钢进行调直加工，对调直的圆钢或扁钢，顺直沿支座或支架的路径进行敷设，如图 2-5 所示。

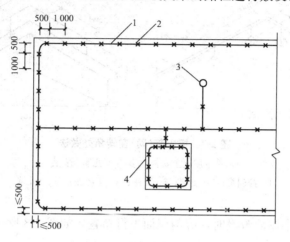

图 2-5　接闪带在挑檐板上安装平面示意

1—接闪带；2—支架；3—凸出屋面的金属管道；4—建筑物的凸出物

在接闪带(网)敷设的同时，应与支座或支架进行卡固或焊接连成一体，并同引下线焊接好。其引下线的上端与接闪带(网)的交接处，应弯曲成弧形。接闪带在屋脊上安装，如图 2-6 所示。

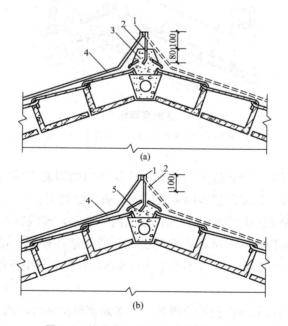

图 2-6　接闪带及引下线在屋脊上安装

(a)用支座固定；(b)用支架固定

1—接闪带；2—支架；3—支座；4—引下线；5—1∶3 水泥砂浆

接闪带(网)在转角处应随建筑造型弯曲,一般不宜小于90°,弯曲半径不宜小于圆钢直径的10倍,或扁钢宽度的6倍,且绝对不能弯成直角,如图2-7所示。

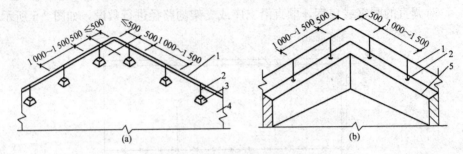

图 2-7 接闪带(网)在转角处做法
(a)在平屋面上安装;(b)在女儿墙上安装
1—接闪带;2—支架;3—支座;4—平屋面;5—女儿墙

接闪带(网)沿坡形屋面敷设时,应与屋面平行布置,如图2-8所示。

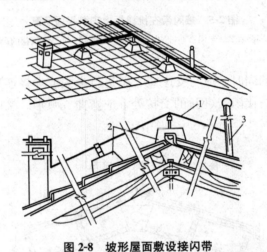

图 2-8 坡形屋面敷设接闪带
1—接闪带;2—混凝土支座;3—凸出屋面的金属物体

2)暗装接闪网的安装。暗装接闪网是利用建筑物内的钢筋作接闪网,以达到建筑物防雷击的目的。暗装接闪网比明装接闪网美观,因此被广泛利用。

①用建筑物 V 形折板(坡屋面)内钢筋作接闪网。通常,建筑物可利用 V 形折板内钢筋作接闪网。施工时,折板插筋与吊环和网筋绑扎,通长筋和插筋、吊环绑扎。折板接头部位的通长筋在端部预留钢筋头,长度不少于 100 mm,以便于与引下线连接。引下线的位置由工程设计决定。

等高多跨搭接处通长筋与通长筋应绑扎。不等高多跨交接处,通长筋之间应用 Φ8 圆钢连接焊牢,绑扎或连接的间距为 6 m。

V 形折板钢筋作防雷装置,如图2-9所示。

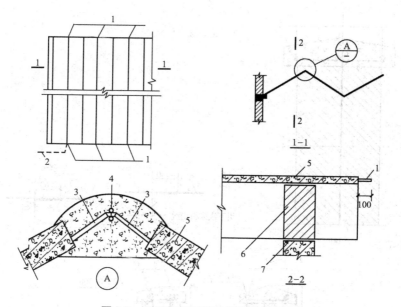

图 2-9 V 形折板钢筋作防雷装置示意
1—通长筋预留钢筋头；2—引下线；3—吊环(插筋)；4—附加 φ6 通长筋；
5—折板；6—三脚架或三脚墙；7—支托构件

②用女儿墙压顶钢筋作暗装接闪带。女儿墙压顶为现浇混凝土的，可利用压顶板内的通长钢筋作为暗装防雷接闪器；女儿墙压顶为预制混凝土板的，应在顶板上预埋支架设接闪带。用女儿墙现浇混凝土压顶钢筋作暗装接闪器时，防雷引下线可采用不小于 φ10 的圆钢，如图 2-10(a)所示，引下线与接闪器(即压顶内钢筋)的焊接连接，如图 2-10(b)、(c)所示。

在女儿墙预制混凝土板上预埋支架设接闪带时，或在女儿墙上有铁栏杆时，防雷引下线应由板缝引出顶板与接闪带连接，如图 2-10(a)中的虚线部分，引下线在压顶处同时应与女儿墙顶厚设计通长钢筋之间，用 φ10 圆钢作连接线进行连接，如图 2-10 所示。

女儿墙一般设有圈梁，圈梁与压顶之间有立筋时，将防雷引下线可以利用在女儿墙中相距 500 mm 的 2 根 φ8 或 1 根 φ10 的立筋，将立筋与圈梁内通长钢筋全部绑扎为一体更好，女儿墙不需再另设引下线，如图 2-10(d)所示。采用此种做法时，女儿墙内引下线的下端需要焊到圈梁立筋上(圈梁立筋再与柱主筋连接)。引下线也可以直接焊到女儿墙下的柱顶预埋件上(或钢屋架上)。圈梁主筋如能够与柱主筋连接，建筑物则不必再另设专用接地线。钢筋混凝土基础作为接地装置是有利的。但有些钢筋混凝土确实不能作为接地装置，如防水水泥、铝酸盐水泥、矾土水泥及异丁硅酸盐水泥等。以人造材料水泥做成的钢筋混凝基础，也不能作接地装置。

这里需要强调的是混凝土浇筑前，各钢筋之间必须构成电气连接。其主要是作为接地体的桩筋与承台的连接，选定作为引下线和均压环屏蔽网的梁柱筋驳接处必须作牢固的焊接，使之成为可靠的电气通道。有一种观点认为，建筑物由结构的钢筋经过绑扎即可达到电气连接的要求，并可经过雷电流冲击后把绑扎点熔接起来，相当于点焊一样，事实上这种做法是不可靠的。

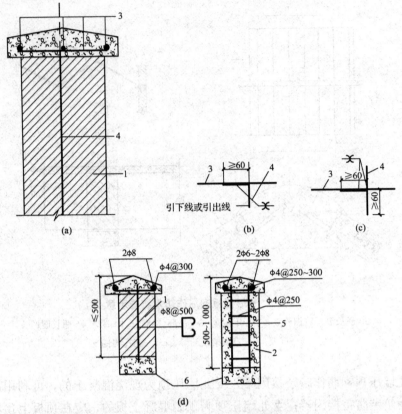

图 2-10 女儿墙及暗装接闪带做法

(a)压顶内暗装接闪带做法；(b)压顶内钢筋引下线(或引出线)连接做法；
(c)压顶上有明装接闪带时引下线与压顶内钢筋连接做法；(d)女儿墙结构图
1—砖砌体女儿墙；2—现浇混凝土女儿墙；3—女儿墙压顶内钢筋；
4—防雷引下线；5—4φ10 圆钢连接线；6—圈梁

2. 引下线的安装

防雷引下线是将接闪器接收的雷电流引到接地装置。引下线常见的安装方式为暗敷，如图 2-11～图 2-13 所示。

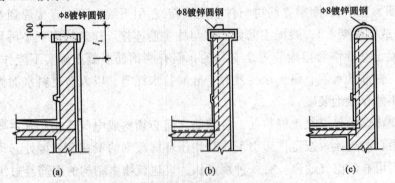

图 2-11 防雷引下线通过女儿墙做法

(a)有支架防雷线明装引下线方法；(b)有支架防雷线暗装引下线方法；
(c)无支架防雷线暗装引下线方法

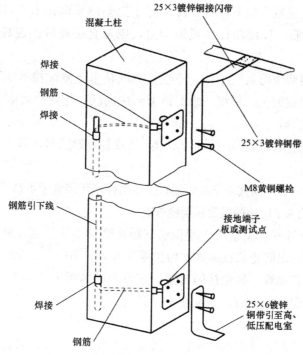

图 2-12 防雷引下线及接地端子板安装示意

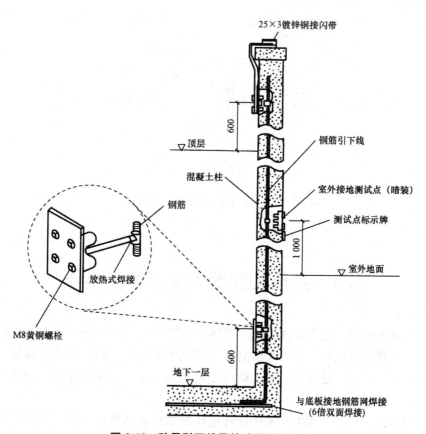

图 2-13 防雷引下线及接地端子板安装

(1)引下线沿墙或混凝土构造柱暗敷设。先与接地体(或断接卡子)连接好,由下至上展放(或一段段连接)钢筋,敷设路径尽量短而直,也可直接通过挑檐板或女儿墙与接闪带焊接。

(2)利用建筑物钢筋作防雷引下线。不能设置断接卡子测试接地电阻值,需在柱(或剪力墙)内作为引下线的钢筋上,另焊一根圆钢引至柱(或墙)外侧的墙体上,在距护坡1.8 m处,设置接地电阻测试箱。

测试点测试接地电阻,若达不到设计要求,可在柱(或墙)外距地0.8~1 m预留导体处加接外附人工接地体。

(3)断接卡子制作安装。断接卡子有明装和暗装两种,断接卡子可利用-40×4或-25×4的镀锌扁钢制作,断接卡子应用两根镀锌螺栓拧紧。

(4)明装防雷引下线保护管敷设。明设引下线在断接卡子下部,外套竹管、硬塑料管、角钢或开口钢管保护,以防止机械损伤。保护管深入地下不应小于300 mm。

防雷引下线不应套钢管,避免接闪时感应涡流和增加引下线的电感,影响雷电流的顺利导通,如必须外套钢管保护时,必须在钢保护管的上、下侧焊接跨接线与引下线连接成一个导电体。

为避免接触电压,游人众多的建筑物,明装引下线的外围要加装饰护栏。

接闪带、引下线的安装,如图2-14所示。

图2-14 接闪带、引下线连接方式

2.3 接地装置的安装及降低措施

电气装置接地规定:电气装置接地涉及两个主要方面,一方面是电源功能接地,如电源系统接地,多指发电机组、电力变压器等中性点的接地,一般称为系统接地,或称为系统工作接地;另一方面,是电气装置外露可导电部分接地,起保护作用,习惯上称为保护接地。

系统接地的主要作用:为大气或操作过电压提供对地泄放的回路,避免电气设备绝缘被击穿;提供接地故障回路,当发生接地故障时,产生较大的接地故障电流,迅速切断故障回路。

保护接地的主要作用：降低预期接触电压；提供工频或高频泄漏回路；为过电保护装置提供安装回路；等电位连接。

2.3.1 接地装置的安装

埋于土壤中的人工垂直接地体宜采用角钢、钢管或圆钢；埋于土壤中的人工水平接地体宜采用扁钢或圆钢。圆钢直径不应小于 10 mm；扁钢截面面积不应小于 100 mm²，其厚度不应小于 4 mm；角钢厚度不应小于 4 mm；钢管壁厚不应小于 3.5 mm。

在腐蚀性较强的土壤中，应采取热镀锌等防腐措施或增大截面面积。

接地线应与水平接地体的截面面积相同。

人工垂直接地体的长度宜为 2.5 m。人工垂直接地体间的距离及人工水平接地体间的距离宜为 5 m，当受地方限制时可适当减小。

1. 接地体的安装

(1)接地体的加工。垂直接地体多使用角钢或钢管，一般应按设计所提供的数量和规格进行加工。其长度宜为 2.5 m，两接地体间距宜为 5 m。通常情况下，在一般土壤中采用角钢接地体，在坚实土壤中采用钢管接地体。为便于接地体垂直打入土中，应将打入地下的一端加工成尖形。为了防止将钢管或角钢打劈，可用圆钢加工一种护管帽套入钢管端，或用一块短角钢(约 10 cm)焊在接地角钢的一端。

(2)挖沟。装设接地体时，需沿接地体的线路先挖沟，以便打入接地体和敷设连接这些接地体的扁钢。接地装置需埋于地表层以下，一般接地体顶部距地面不应小于 0.6 m。

根据设计图纸要求，对接地体(网)的线路进行测量弹线，一般沟深为 0.8～1 m，沟的上部宽 0.6 m，底部宽 0.5 m，沟的中心线与建筑物或构筑物的距离不宜小于 2 m。沟的上部较宽，底部渐窄，沟底如有石子应清除。

(3)敷设接地体。沟挖好后应尽快敷设接地体和接地扁钢，以防止塌方。接地体与地面应保持垂直，避免接地体与土壤产生间隙，增加接地电阻，影响散流效果。先将接地体放在沟的中心线上，打入地中。一般采用手锤打入，一人扶着接地体，一人用大锤敲打接地体顶部。使用手锤敲打接地体时要平稳，锤击接地体正中，不得打偏，应与地面保持垂直，当接地体顶端距离地面 600 mm 时停止打入。扁钢敷设前应调直，然后将扁钢放置于沟内，一次将扁钢与接地体用电焊焊接。扁钢应侧放而不可平放，侧放时散流电阻较小。扁钢与钢管连接的位置距接地体最高点约 100 mm。焊接时应将扁钢拉直，焊好后清除药皮，刷沥青作防腐处理，并将接地线引出至需要的位置，留有足够的连接长度，以待使用。

2. 接地线敷设

接地线分为人工接地线和自然接地线。一般情况下，人工接地线采用扁钢或圆钢，并应敷设在易于检查的地方，且应有防止机械损伤及防止化学腐蚀的保护措施。从接地干线到用电设备的接地支线，距离越短越好。

交流电气设备的接地线可利用下列接地极接地：建筑物的金属结构，梁、柱；生产用起重机轨道、走廊、平台、起重机与升降机的构架、运输皮带的钢梁、电除尘器的构架等金属结构。

当接地线与电缆或其他电线交叉时，其间距至少要维持25 mm。

在接地线与管道、公路、铁路等交叉处及其他可能使接地线遭受机械损伤的地方，均应套钢管或角钢保护；当接地线跨越有振动的地方时，接地线应略加弯曲，以便振动时有伸缩的余地，避免断裂，如铁路轨道。

(1)接地体间连接扁钢的敷设。垂直接地体之间多采用扁钢连接。当接地体打入地下后，即可将扁钢放置于沟内，扁钢与接地体用焊接的方法连接。扁钢应侧放，这样便于焊接且减少其散流电阻。

(2)接地干线与接地支线的敷设。接地干线与接地支线的敷设分为室外和室内两种。

室外的接地干线和支线是供室外的电气设备使用的。室外接地干线与接地支线一般敷设在沟内，采用焊接连接，接地干线与接地支线末端应露出地面0.5 m，以便接引下线。敷设完后，即用回填土夯实。

室内接地干线和支线是供室内的电气设备使用的。室内的接地线一般多为明敷，但有时因设备接地需要也可埋地敷设或埋设在混凝土层中。明敷的接地线一般敷设在墙上、母线架上或电缆的桥架上，可采用预埋固定钩或支持托板、埋设保护套管和预留孔等敷设方法。

固定钩或支持托板的间距，水平直线部分一般为1～1.5 m，垂直部分为1.5～2 m，转弯部分为0.5 m。沿建筑物墙壁水平敷设时，与地面保持250～300 mm的距离，与建筑物墙壁间应有10～15 mm的间隙。

所有电气设备都需要单独地敷设接地支线，不可将电气设备串联接地。

(3)接地体(线)的连接。接地体(线)的连接一般采用搭接焊，焊接处必须牢固、无虚焊。有色金属接地线不能采用焊接，可采用螺栓连接。接地线与电气设备的连接，也可采用螺栓连接。

接地体(线)连接时的搭接长度为：扁钢与扁钢连接时长度为其宽度的2倍，当宽度不同时，以窄的为准，且至少三个棱边焊接；圆钢与圆钢连接时长度为其直径的6倍；扁钢与钢管(角钢)焊接时，为了连接可靠，除应在其接触部位两侧进行焊接外，还应对由扁钢弯成的弧形(或直角形)卡子进行焊接，或直接将接地扁钢本身弯成弧形(或直角形)与钢管(或角钢)焊接。

3. 建筑物基础接地装置的安装

在高层建筑物接地装置中，首先应考虑利用钢筋混凝土中的钢筋作为接地装置。这种接地装置称为自然基础装置。当基础接地网的接地电阻值无法满足设计要求时，应设计人工接地装置。

不论是利用钢筋混凝土基础内的钢筋作为接地装置，或者是设计人工接地装置，均应满足强电、弱电及防雷共用接地电阻小于等于1 Ω。通常情况下，高层建筑基础形式大多采用箱形基础加桩基础，但也有采用箱形基础的高层建筑。

(1)钢筋混凝土桩基础接地体的安装。钢筋混凝土桩基础接地体的安装一般是在作为防雷引下线的柱子(或剪力墙内钢筋作为引下线)位置处,将桩基础的抛头钢筋与承台梁主钢筋焊接,并与上面作为引下线的柱(或剪力墙)中钢筋焊接。如果每组桩基多于四根时,只需连接其四角桩基的钢筋作为防雷接地体。

(2)独立柱基础、箱形基础接地体的安装。钢筋混凝土独立柱基础及钢筋混凝土箱形基础作为接地体时,应将用作防雷引下线的现浇钢筋混凝土内符合要求的主筋,与基础底层钢筋网进行焊接连接。

钢筋混凝土独立柱基础如有防水油毡及沥青包裹时,应通过预埋件和引下线,跨越防水油毡及沥青层,将柱内的引下线钢筋、垫层内的钢筋与接地柱相焊接,利用垫层钢筋和接地桩作为接地装置。

(3)钢筋混凝土板式基础接地体的安装。钢筋混凝土板式基础接地体的安装是利用无防水层地板的钢筋混凝土板式基础作为接地体,且应将用作防雷引下线的符合规定的柱主筋与地板的钢筋进行焊接连接。

在进行钢筋混凝土板式基础接地体安装时,当遇有板式基础有防水层时,应将符合规格和数量的可以用来作防雷引下线的柱内主筋,在室外自然地面以下的适当位置处,利用预埋连接板与外引的镀锌圆钢或扁钢相焊接作连接线,同有防水层的钢筋混凝土板式基础的接地装置进行连接。

2.3.2 降低接地装置的措施

(1)置换电阻率较低的土壤。用黏土、黑土或砂质黏土等电阻率较低的土壤,代替原有电阻率较高的土壤。置换范围是在接地体周围 0.5 m 以内和接地体上部的 1/3 处。

(2)接地体深埋。应先实测深层土壤的电阻率是否符合要求,还要考虑有无机械设备,能否适宜采用机械化施工,否则也无法进行深埋工作。地层深处土壤电阻率较低时,则可采用此方法。

(3)使用化学降阻剂。在接地体周围土壤中加入低电阻系数的降阻剂,以降低土壤电阻率,从而降低接地电阻。

(4)外引式接地。如接地体附近有导电良好的土壤及不冰冻的湖泊、河流时,也可采用外引式接地。

【提示】

垂直接地体的间距不宜小于其长度的 2 倍。水平接地体的间距应符合设计规定,当无设计规定时不宜小于 5 m。接地干线应在不同的两点及以上与接地网相连接。自然接地体应在不同的两点及以上与接地干线或接地网相连接。接地体敷设完后的土沟,其回填土内不应夹有石块和建筑垃圾等;外取的土壤不得有较强的腐蚀性;在回填土时应分层夯实。接地装置由多个分接地装置部分组成时,应按设计要求设置便于分开的断接卡。自然接地体与人工接地体连接处应有便于分开的断接卡,断接卡应有保护措施。

2.4 防雷与接地系统施工图的识读

2.4.1 防雷与接地系统施工图的组成

建筑防雷与接地施工图一般包括防雷施工图和接地施工图两部分。其主要包括建筑防雷平面图、立面图和接地平面图。

防雷保护包括建筑物、电气设备及线路保护；接地系统包括防雷接地、设备保护接地及工作接地。

2.4.2 防雷与接地系统施工图的识读步骤

(1)通过工程概况及施工说明，明确建筑物的雷击类型、防雷等级及防雷的措施。

(2)在防雷采用的方式确定后，在防雷平面图和立面图中分析接闪杆、接闪带等防雷装置的安装方式，引下线的路径及末端连接方式等。

(3)通过接地平面图，明确接地装置的设置和安装方式。

(4)明确防雷接地装置采用的材料、尺寸及型号。

2.4.3 防雷与接地系统施工图识读

1. 工程概况

由图 2-15 所示，该住宅建筑接闪带沿屋面四周女儿墙敷设，支持卡子间距为 1 m。引下线为 25 mm×4 mm 扁钢，与埋于地下的接地体连接，引下线在距地面 1.8 m 处设置引下线断接卡子。固定引下线支架间距 1.5 m。

接地体沿建筑物基础四周埋设，埋设深度在地平面下 1.65 m，且在 −0.68 m 处开始向外，并距基础中心距离为 0.65 m。

2. 接闪带及引下线的敷设

首先在女儿墙上埋设支架，间距为 1 m，转角处为 0.5 m，然后将接闪带与扁钢支架焊接为一体，引下线在墙上明敷设与接闪带敷设基本相同，也是在墙上埋好扁钢支架后再与引下线焊接在一起。接闪带及引下线的连接均为搭接焊接，搭接长度为扁钢的 2 倍。

3. 接地装置安装

该住宅建筑接地体为水平接地体，一定要注意配合土建施工，在土建基础工程完工后，未进行回填土之前，将扁钢接地体敷设好，并在与引下线连接处，引出一根扁钢，做好与引下线连接的准备工作。扁钢连接应焊接牢固，形成一个环形闭合的电气通路，实测接地电阻达到设计要求后，再进行回填土。

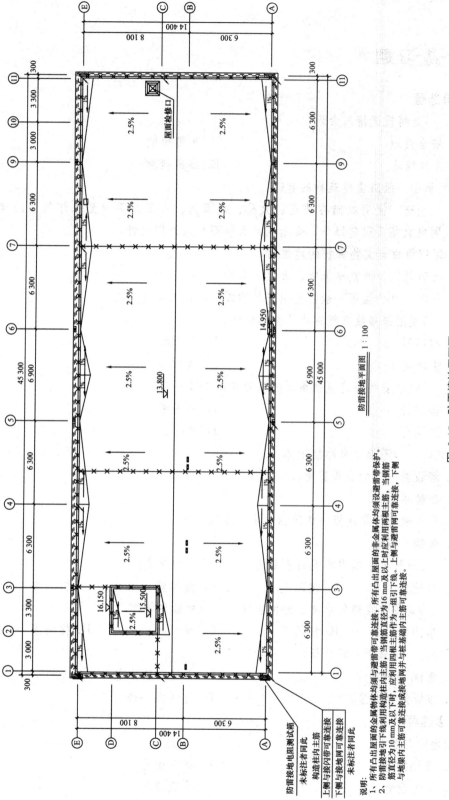

图 2-15 防雷接地平面图

练习题

一、单选题

1. ( )是将机壳接入大地。
   A. 安全接地
   B. 防雷接地
   C. 工作接地
   D. 屏蔽接地

2. 下列属于一级防雷建筑物的有( )。
   A. 凡制造、使用或储存炸药、火药、起爆药、人工品等大量爆炸物质的建筑物，因电火花而引起爆炸，会造成巨大破坏和人身伤亡者
   B. 国家级重点文物保护的建筑物
   C. 大型展览和博览建筑物、大型火车站
   D. 住宅、办公楼等一般性民用建筑物或一般性工业建筑物

3. ( )是用来接收直接雷击的金属物体。
   A. 接闪器
   B. 引下线
   C. 接地装置
   D. 接地体

4. ( )适合安装在建筑物屋顶的高耸或孤立部分。
   A. 接闪杆
   B. 接闪带
   C. 接闪网
   D. 接闪线

5. 下列( )不属于自然接地体。
   A. 埋设在地下的金属管道
   B. 金属井管
   C. 与大地有可靠连接的建筑物的金属结构
   D. 角钢、扁钢

6. ( )是埋入土壤中或混凝土基础中作散流用的导体。
   A. 接地体
   B. 接地线
   C. 接闪器
   D. 引下线

7. ( )是安装在建筑物突出部位或独立装设的针形导体。
   A. 接闪杆
   B. 接闪带
   C. 接闪网
   D. 接闪线

8. 下列( )属于一级负荷。
   A. 医院手术室
   B. 普通高层住宅
   C. 市级体育场馆
   D. 普通办公楼

二、多选题

1. 接地的类型有( )。
   A. 安全接地
   B. 防雷接地
   C. 工作接地
   D. 屏蔽接地
   E. 基础接地

2. 下列( )接地保护需要接入大地。
   A. 安全接地　　　　　　　　B. 防雷接地
   C. 工作接地　　　　　　　　D. 屏蔽接地
   E. 基础接地

3. 下列不属于工作接地的有( )。
   A. 信号地　　　　　　　　　B. 模拟地
   C. 数字地　　　　　　　　　D. 屏蔽接地
   E. 防雷接地

4. 下列属于接闪器的有( )。
   A. 接闪杆　　　　　　　　　B. 接闪带
   C. 接闪网　　　　　　　　　D. 接闪线
   E. 引下线

5. 接闪带和接闪网宜采用( )。
   A. 镀锌圆钢　　　　　　　　B. 扁钢
   C. 焊接钢管　　　　　　　　D. 焊条
   E. 角钢

6. 接地体一般采用( )的角钢。
   A. L30×3　　B. L40×4　　C. L50×5　　D. L60×6
   E. L70×5

7. 垂直接地体多使用角钢或钢管，其长度宜为( )m，接地体间距宜为( )m。
   A. 0.25　　B. 0.5　　C. 2　　D. 2.5
   E. 5

三、填空题

1. 防雷接地系统引下线一般利用_____内钢筋；防雷接闪器用接闪带和接闪杆相结合的方式，智能大厦30 m及以上，每三层利用圈梁钢筋与柱筋连在一起构成_____。

2. _____接地和_____接地这两种接地主要为安全考虑，均要直接接在大地上。

3. 为了便于测量接地电阻，当接地线引入后，必须用_____与室内接地线连接。

4. 为了防止外来的电磁场干扰，将电子设备外壳体及设备内外的屏蔽线或所穿金属管进行的接地，称为_____。

5. 防雷装置一般由_____、_____、_____三部分组成。

6. 接闪杆常用材质为_____。

7. _____是指沿屋脊、山墙、通风管道及平屋顶的边沿等最可能遭受雷击的地方敷设的导线。当屋顶面积很大时，采用_____。

8. _____是连接接闪器和接地装置的金属导体。

9. _____的作用是把引下线引下的雷电流迅速流散到大地土壤中去。

10. 垂直接地体长度不小于_____ m。

四、判断题

1. 第一类防雷建筑物，其避雷网的网格尺寸不应大于 5 m×5 m 或 6 m×4 m。（   ）
2. 第二类防雷建筑物，其避雷网的网格尺寸不应大于 10 m×10 m 或 12 m×8 m。
（   ）
3. 第三类防雷建筑物，其避雷网的网格尺寸不应大于 20 m×20 m 或 16 m×24 m。
（   ）
4. 当屋顶面积很大时，采用接闪网。（   ）
5. 接闪网和接闪带宜采用镀锌圆钢或扁钢，优先选用扁钢。（   ）
6. 人工钢制垂直接地体的长度宜为 1.5 m。（   ）
7. 接闪带（网）沿坡形屋面敷设时，应与屋面垂直布置。（   ）
8. 在一般土壤中采用钢管接地体，在坚实土壤中采用角钢接地体。（   ）
9. 所有电气设备都需要单独敷设接地支线，不可将电气设备串联接地。（   ）
10. 接地线的连接一般采用搭接焊；有色金属接地线不能采用焊接，可采用螺栓连接。
（   ）

五、问答题

1. 简述自然接地体主要包括的内容。
2. 简述防雷装置的组成及各部分包括的内容。

模块 3 建筑采暖系统安装工艺与识图

知识目标

1. 掌握室内采暖系统的组成。
2. 掌握识读室内采暖施工图的方法。
3. 掌握常用采暖系统的形式。
4. 熟悉室内采暖系统安装工艺。
5. 了解常用采暖工程施工的管材、设备及安装位置。

建筑采暖系统安装
工艺与识图

能力目标

通过本模块的学习,能够看懂不同建筑的采暖施工图。

3.1 采暖系统的组成与分类

3.1.1 采暖系统的组成

采暖系统的工作原理是其将热媒携带的热量传递给房间内的空气,以补偿房间的热耗,达到维持房间一定空气温度的目的。

采暖系统由热源、热媒输送管道、散热设备和辅助设备组成。

(1) 热源:制取具有压力、温度等参数的蒸汽或热水的设备。

(2) 热媒输送管道:把热量从热源输送到热用户的管道系统。

(3) 散热设备:把热量传送给室内空气的设备。

(4) 辅助设备:如膨胀水箱、水泵、排气装置、除污器等。

3.1.2 采暖系统的分类

1. 按采暖系统的循环动力分类

(1) 自然循环采暖系统。靠供回水的密度差进行循环的系统称为自然循环采暖系统。其工作原理是:系统工作前先充满冷水。当水在锅炉内被加热后,密度减小,同时受从散热器流回来的密度较大的回水驱动,使热水沿供水干管上升,流入散热器。在散热器内水被冷却,再沿回水干管流回锅炉。该系统特点是装置简单,运行时无噪声和不消耗电能。但由于其作用压力小、管径大，作用范围受到限制。

自然循环热水采暖系统的作用半径不宜超过 40 m，所以只适合小型建筑或小型住户取暖。

(2)机械循环采暖系统。靠循环水泵提供的动力进行循环的系统称为机械循环采暖系统。其工作原理是：在系统中设置了循环水泵，靠水泵的机械能，使水在系统中强制循环。该系统特点是增加了运行管理费用和电耗，但由于水泵所产生的作用压力很大，因而采暖范围可以扩大。

机械循环采暖系统可用于单幢建筑物、多幢建筑，甚至可发展为区域热水采暖系统。机械循环热水采暖系统是应用最广泛的一种采暖系统。

2. 按采暖热媒的种类不同分类

(1)热水采暖系统。以热水为热媒的采暖系统称为热水采暖系统。当供水温度<100 ℃时，为低温热水采暖系统；当供水温度≥100 ℃时，为高温热水采暖系统。

室内热水采暖系统大多采用低温水采暖，回水温度采用 95 ℃/75 ℃(也有采用 85 ℃/60 ℃)，高温水采暖系统的设计供回水温度大多采用 110 ℃～130 ℃/70 ℃～80 ℃，宜在厂房中使用。

(2)蒸汽采暖系统。以蒸汽为热媒的采暖系统称为蒸汽采暖系统。当供汽压力>0.07 MPa时，为高压蒸汽采暖系统；当供汽压力≤0.07 MPa 时，为低压蒸汽采暖系统。适用于厂区供热以工艺用蒸汽为主的工业建筑集中采暖。

(3)热风采暖系统。以空气为热媒的采暖系统称为热风采暖系统。把空气加热到适当的温度(一般为 35 ℃～50 ℃)送入采暖房间，例如暖风机、热空气幕等就是热风采暖的典型设备。根据送风加热装置按位置不同，分为集中送风采暖系统和暖风机采暖系统。

3. 按采暖区域不同分类

(1)局部采暖系统。将热源、管道系统和散热设备在构造上连成一个整体的采暖系统，称为局部采暖系统。例如，火炉、火炕和电暖器等均属于局部供暖。其特点是简易，卫生条件差，耗能大，作用范围小。

(2)集中采暖系统。将热源和散热设备分别设置，以集中供热或分散锅炉房作热源，通过管道系统向多个建筑物供给热量的系统，称为集中采暖系统。其特点是供热量大，节约燃料，污染小，热源和散热设备分别设置。

集中采暖环保安全，住宅的采暖系统主要分两种，集中采暖系统和分户式采暖系统。集中采暖即集中的热源通过管路将热量传递给用户。

(3)区域采暖系统。区域采暖系统是指城市某一个区域的集中供热系统。这种采暖系统的作用范围大、节能、减少城市污染，是城市采暖的发展方向。

区域供热系统是指一个区域采用一个供热系统，这是集中供热的一种形式，自采暖就不是区域供热系统的采暖方式，现在家庭一般采用的是集中采暖和自采暖两种方式，集中采暖一般在小区使用的比较广泛。

4. 按供回水管道与散热器连接方式的不同分类

(1)单管采暖系统。热媒顺次通过各楼层散热器或同一楼层的各组散热器，热媒供、回水管道合并设置的,称为单管采暖系统,如图3-1所示。

(2)双管采暖系统。热媒同时平行分配到各楼层散热器或同一楼层的各组散热器,热媒供、回水管道分开设置的,称为双管采暖系统,如图3-2所示。

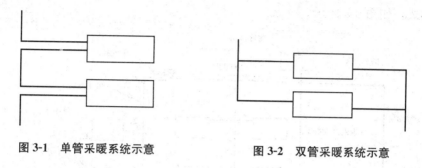

图3-1 单管采暖系统示意　　　　图3-2 双管采暖系统示意

5. 按采暖系统时间不同分类

(1)连续采暖系统:适用于全天使用的建筑物,是使采暖房间全天均能达到设计温度的采暖系统。

(2)间歇采暖系统:适用于非全天使用的建筑物,是使采暖房间在使用时间内达到设计温度,而在非使用时间内可以自然降温的采暖系统。

(3)值班采暖系统:在非工作时间或中断使用的时间内,使建筑物保持最低室温要求(以免冻结)所设置的采暖系统。

3.2 机械循环散热器采暖系统的组成

3.2.1 热水采暖系统的形式

1. 不分户计量的室内热水采暖系统

(1)双管上供下回式系统。双管上供下回式系统中的供水干管敷设在所有散热器的上方,回水干管敷设在所有散热器的下方,且连接散热器支管的立管有两根。这种系统的主要优点是各组散热器支管上均设阀门,维修、调节方便;缺点是所用管子长,阀门多,施工复杂,由于自然循环作用压力的影响,会产生上热下冷的垂直失调现象,如图3-3所示。

(2)双管下供下回式系统。双管下供下回式系统的供、回水干管均敷设在系统所有的散热器的下方。该系统的供、回水干管均可设在地下室或地沟内,上、下层冷热较均匀。在设有地下室的建筑物中或在平屋顶建筑棚下难以布置供水干管的场合,常采用下供下回式系统。下供下回式系统排出空气的方式主要有两种:一种是通过屋顶散热器的冷风阀手动分散排气;另一种是通过专设的空气管手动或自动集中排气,如图3-4所示。

(3)水平串联系统。水平串联系统是通过水平管将散热器顺序连接,水流沿水平方向顺序地流过每一组散热器。

这种采暖系统的优点是构造简单、节省管材、少穿楼板、便于施工；缺点是串联管道热胀冷缩问题解决不好时容易漏水。水平串联系统有顺序式和跨越式两种。上侧为顺序式，下侧为跨越式，如图 3-5 所示。

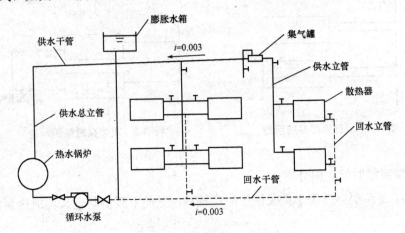

图 3-3 双管上供下回式系统

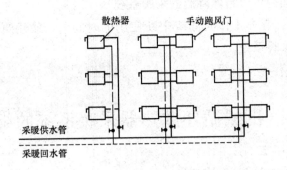

图 3-4 双管下供下回式系统

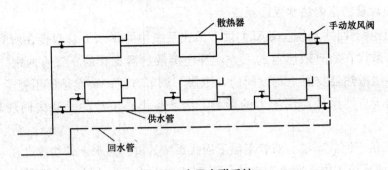

图 3-5 水平串联系统

(4)垂直单管系统。垂直单管系统连接散热器的立管只有一根，供水干管敷设在散热器的上方，回水干管敷设在散热器的下方。该系统的特点是构造简单，施工方便，管材、管件用量少，但不能分户调节，如图 3-6 所示。

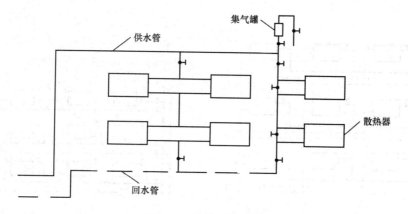

图 3-6　垂直单管系统

(5)单双管混合系统。单双管混合系统将散热器沿垂直方向分成若干组,每组2~3层,每组内为双管系统,组与组之间用单管连接,如图3-7所示。

这种系统既避免了双管系统在楼层数过多时出现的竖向失调现象,同时又避免了散热器支管管径过大的缺点。该系统同时具有双管与单管的特点。

(6)竖向分区式采暖系统。竖向分区式采暖系统在垂直方向上分成两个或两个以上的系统,其下层系统与室外管网直接连接,上层系统则通过热交换器进行供热,与室外管网隔绝。该系统适用于高层建筑采暖系统。建筑物高度超过 50 m 时,热水采暖系统宜竖向分区设置。系统的低区通常与室外管网直接连接。

2. 分户计量的室内热水采暖系统

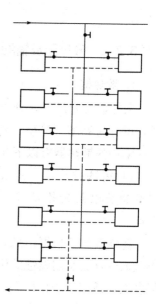

图 3-7　单双管混合系统

(1)水平双管系统。水平双管系统每层户内的供水、回水干管可沿地面明装,也可敷设在本层地面下沟槽或底层内,还可镶嵌在踢脚板内。这种系统每组散热器支管上可设置调节阀或温控阀,以便分室控制和调节室内空气温度,如图3-8所示。

(2)水平单管系统。水平单管系统户内供水、回水干管均敷设在该层散热器之下,如图3-9所示。

图 3-9(a)为水平单管顺序式系统,该系统在水平支路上设关闭阀、调节阀和热表,可实现分户调节和分户计量,但不能实现散热器独立调节;图3-9(b)、(c)为水平单管跨越式系统,在散热器支管上设置调节阀或温控阀,可以分房间控制和调节室内温度。由于每组散热器上设有跨越管,因此施工复杂,造价高。

(3)水平放射式系统。水平放射式系统在每户的采暖入口设置分水器和集水器,由分水器引出的散热器支管呈放射状埋地敷设至各组散热器。各组散热器支管上设温控阀,可独立调节室温,适用于对美观及舒适要求较高的住宅。

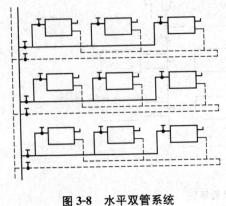
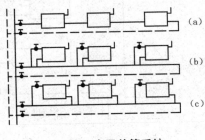

图 3-8 水平双管系统　　　　　图 3-9 水平单管系统

3.2.2 散热器及辅助设备

1. 散热器

散热器按材质可，分为铸铁、钢制、铝制、全铜、钢（铜）铝复合散热器；按其结构形式，可分为翼型、柱型、管型、板型等；按其传热方式，可分为对流型和辐射型。目前，我国常用的散热器有以下几种：

（1）铸铁散热器。铸铁散热器用铸铁浇筑而成，其具有结构简单、耐腐蚀性强、使用寿命长以及价格低廉等优点；但其金属耗量大、承压能力低、质量大、安装劳动繁重。

铸铁散热器根据形状，可分为柱型及翼型，而翼型散热器又有圆翼型和长翼型之分。铸铁散热器具有耐腐蚀的优点，但承受压力一般不宜超过 0.4 MPa 且质量大，组对时劳动强度大，适用于工作压力小于 0.4 MPa 的采暖系统，或不超过 400 m 高的建筑物内。翼型散热器则多用于工厂车间内，柱型散热器多用于民用建筑。

1）翼型散热器：可分为圆翼型和长翼型两种，如图 3-10、图 3-11 所示。

其中，长翼型散热器又可分为大 60（长度 280 mm）和小 60（长度 200 mm）两种。圆翼型规格以其内径来表示，有 $DN50$ 和 $DN75$ 两种，每根长为 1 m，两端有法兰，与供回水管用法兰连接。

2）柱型散热器：柱型散热器是单片的柱状连通体，每片各有几个中空立柱相互连通，其制造工艺复杂，组对接口较多。常用有四柱 813 型、760 型、640 型和二柱 M-132 型。四柱型散热器有带足和不带足两种片形，便于落地或挂墙安装，如图 3-12 所示。

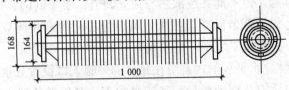

图 3-10 圆翼型铸铁散热器

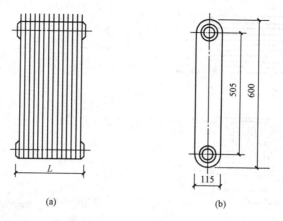

图 3-11 长翼型铸铁散热器

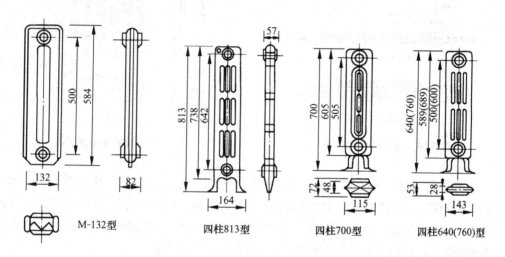

图 3-12 四柱型散热器

(2)钢制散热器。钢制散热器具有产品稳定性和技术先进性，同时钢制散热器由于其材质自身具有大分子的特性，适合水分子的穿透，所以钢制散热器采暖的居室不会感觉明显的干燥，非常适合人体科学，这是其他任何材质的散热器所达不到的。

常用的钢制散热器如图 3-13～图 3-15 所示。

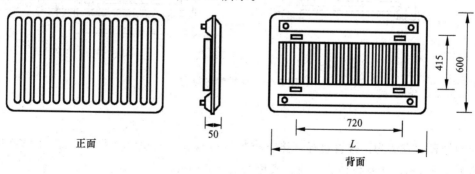

图 3-13 钢制扁管型散热器

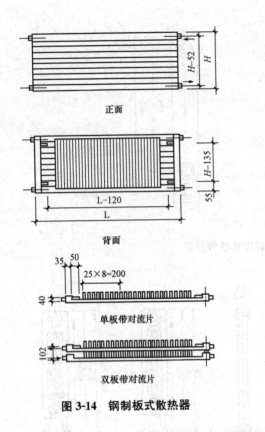

图 3-14 钢制板式散热器

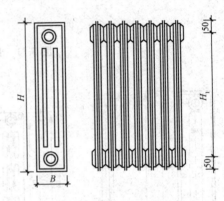

图 3-15 钢制柱型散热器

(3)光排管散热器。光排管散热器主要用于工业用厂房采暖系统,其采用优质无缝钢管进行连接,操作简便并能够提供足够的供热量,是以冷、热媒介进行冷却或加热空气的换热器装置中的主要设备。通入高温水、蒸汽或高温导热油可以加热空气,通入盐水或低温水可以冷却空气,适用于各种大型热电厂、大型工业厂房车间。

光排管散热器一般由钢管焊接而成,包括联管和排管两部分。其分为 A 型和 B 型两种,其中,A 型适合蒸汽取暖,B 型适合水暖,如图 3-16 所示。

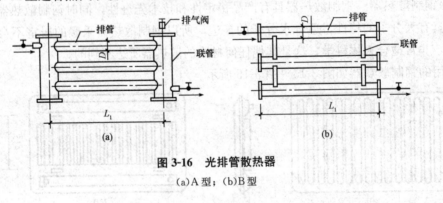

图 3-16 光排管散热器
(a)A 型;(b)B 型

其型号表示方法为:排管直径×排管排数×排管长度。例如,$D108\times3\times2\,000$ 表示排管直径为 108 mm,排管排数为 3 排,长度为 2 000 mm。

(4)铝制散热器。铝制散热器一般由铝制型材挤压而成形。其优点是质量轻,并且可以根据房间的需要进行拼装,根据不同的高度设计来安装,满足个性和可控性的需要,外观也可以作为装饰;结构紧凑,造型美观,耐氧腐蚀,承压高。缺点是采用辐射散热方式,热效率低,容易造成碱性腐蚀。接口多,方便性与安全性不好。

铝制散热器根据构造不同,又可分为翼管型和闭合型。

2. 辅助设备

(1)温控和热计量装置。

1)散热器温控阀。散热器温控阀是一种自动控制散热器散热量的设备。温控阀一般设置在散热器供水支管上,它由两部分构成:一部分为阀体部分;另一部分为温感元件,如图 3-17 所示。

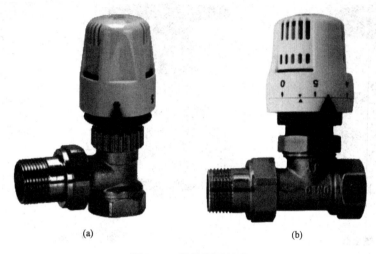

图 3-17 散热器温控阀
(a)角式;(b)直通式

工作原理:当室内温度高于给定的温度值时,感温元件受热,其顶杆压缩阀杆,将阀口关小,进入散热器的水流量减小,散热器散热量减少,室温下降;当室内温度下降到低于设定值时,感温元件开始收缩,其阀杆靠弹簧的作用抬起,阀孔开大,水流量增大,散热器散热量增加,室内温度开始升高,从而保证室温处在设定的温度值之上。

2)热计量表。热计量表是用来累积计量热能消耗量的仪表,由积分仪、传感器和流量计三部分组成。

3)膨胀水箱。膨胀水箱在热水采暖系统中起着容纳系统膨胀水量、排除系统中的空气、为系统补充水量及定压的作用,是热水采暖系统重要的辅助设备之一。

膨胀水箱设在热水采暖系统的最高处。自然循环热水采暖系统中,膨胀水箱多连接在热源出口供水立管的顶端;机械循环热水采暖系统中,膨胀水箱应连接在循环水泵吸水口侧的回水干管上,且与循环管在回水干管上的连接点间的距离不小于 1.5~2.0 m。

膨胀水箱一般用钢板焊制而成,其外形有矩形和圆形两种,以矩形水箱使用较多。

(2)阀门。阀门起着关闭、调节作用。其种类很多,常用的阀门有以下几种:

1)截止阀。截止阀的启闭件为阀瓣,由阀杆带动阀瓣沿阀座轴线作升降运动而切断或开启管路。截止阀的作用是调节和启闭管道中的水流。其结构简单、密封性能好、维修方便、阻力较大，按连接方式分为螺纹截止阀和法兰截止阀两种，主要用于 $DN \leqslant 50$ mm 的冷热水管路或需要经常启闭的管道，它内部严密、可靠，但水流阻力大，安装有方向性，如图 3-18 所示。

2) 闸阀。闸阀的启闭件为闸板，又称为闸板阀，仅起隔断水流的作用。其压力损失小，开启、关闭力小。由阀杆带动闸板沿阀座密封面作升降运动而切断或开启管路。按连接方式，分为螺纹闸阀和法兰闸阀两种，主要用于 $DN \geqslant 50$ mm 的冷热水、采暖、室内煤气等工程的管路或需双向流动的管段，如图 3-19 所示。

  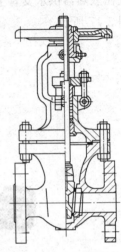

图 3-18　截止阀　　　　　　　　图 3-19　闸阀

3) 蝶阀。蝶阀阀板在 90°旋转范围内可起到调节流量和关断水流的作用。它体积小、质轻、启闭灵活、关闭严密、水头损失小，适合制造较大直径的阀门，适用于室外管径较大的给水管道和室外消火栓给水系统的主干管，如图 3-20 所示。

图 3-20　蝶阀

4)止回阀。止回阀的启闭件为阀瓣,利用阀门两侧介质的压力差自动启闭水流通路,阻止水的倒流。按结构形式分为升降止回阀和旋启止回阀两类,一般用于引入管、水泵出水管、密闭用水设备的进水管和进出合用一条管道的水箱的出水管。安装时有方向性,不能倒流,如图 3-21 所示。

图 3-21 止回阀

5)球阀。球阀的启闭件是一个球体,是通过球体绕阀体中心线作旋转来达到开启、关闭的一种阀门。

球阀在管路中主要用来切断分配和改变截止的流动方向。水暖工程中,常采用小口径的球阀,采用螺纹连接或法兰连接,如图 3-22 所示。

图 3-22 球阀

6)安全泄压阀。安全泄压阀是一种安装保护用的阀门,当设备或管道内的介质压力升高,超过规定值时,自动开启;当系统压力低于工作压力时,安全阀自动关闭。

7)疏水阀。疏水阀是用于蒸汽加热设备、蒸汽管网和凝结水回收系统的一种阀门。它能迅速、自动、连续地排除凝结水,有效地阻止蒸汽泄漏。

8)浮球阀。浮球阀是一种自动控制水箱、水塔液面高度的水力控制阀。当水面下降超过预设值时,浮球阀打开,活塞上腔室压力降低,活塞上下形成压差,在此压差作用下阀瓣打开,进行供水作业;当水位上升到预设高度时,浮球阀关闭,活塞上腔室压力不断增大,致使阀瓣关闭停止供水。如此往复,自动控制液面在设定的高度,实现自动供水,如图 3-23 和图 3-24 所示。

图 3-23 浮球阀

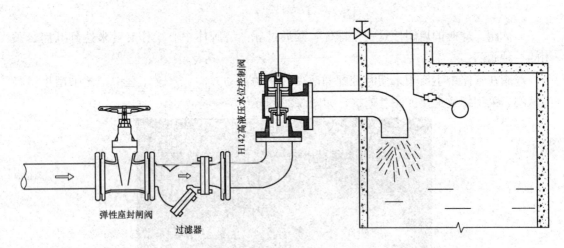

图 3-24 浮球阀安装示意

9) 锁闭阀。锁闭阀分为两通式锁闭阀和三通式锁闭阀两种，有调节、锁闭两种功能，既可在供热计量系统中作为强制收费的管理手段，又可在常规采暖系统中利用其调节功能。当系统调试完毕即锁闭阀门，避免用户随意调节，维持系统正常运行，防止失调发生。

(3) 排气装置。排气装置的作用是排除采暖系统中的空气，防止形成气塞或气堵。常用的排气装置有集气罐、自动排气阀和散热器手动排气阀。

1) 集气罐。集气罐一般由 $DN100 \sim DN250$ 的无缝钢管制成，分为卧式和立式两种。集气罐一般敷设于系统末端的最高处，引出的排气管管径为 $DN15$ 并应安装阀门。系统运行时，定期手动打开阀门将热水分离出来，并将聚集在集气罐内的空气排出。

2) 自动排气阀。自动排气阀大多是依靠水对附体的浮力作用，使排气孔自动启闭，实现自动阻水排气的功能，分为卧式和立式。当阀内无空气时，阀体中的水将浮子浮起，通过杠杆机构将排气孔关闭，阻止水流通过；当阀内有空气时，阀体中的浮子在重力作用下打开排气孔，自动排除系统中的空气。

其安装位置与集气管相同，与系统的连接处应设阀门，以便于自动排气阀的检修和更换。

3)散热器手动排气阀。散热器手动排气阀又称手动放风阀、冷风阀。散热器内聚集的空气依靠散热器手动排气阀排出。散热器手动排气阀多用在水平式或下供下回式热水采暖系统，其安装在散热器顶部侧边，以螺纹形式旋紧在散热器上，以手动方式排除空气。

(4)补偿器。采暖管道安装后，由于管内热媒温度变化的影响，会在管壁里产生由温度引起的热应力，这种热应力会使管道受到破坏，因此，必须在采暖管道上设置各种补偿器，以补偿管道的伸缩而减弱或消除因热胀冷缩产生的应力。

1)自然补偿器。自然补偿器有 L 形、Z 形两种，如图 3-25 所示。它是利用管道本身在敷设时形成的自然转弯与扭转的金属弹性来补偿。在热水采暖系统中，应尽量利用自然补偿。当自然补偿不能满足要求时，必须设置其他形式的补偿器。

2)方形补偿器。方形补偿器是由几个弯管组成的弯管组，它依靠弯管的变形来补偿管道的热伸缩。其特点是结构简单，安装方便，工作的可靠性强，不需要维修，可在现场制作，如图 3-26 所示。

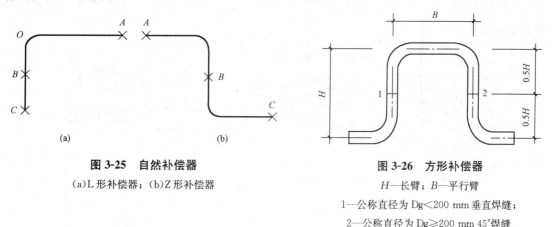

图 3-25　自然补偿器

(a)L 形补偿器；(b)Z 形补偿器

图 3-26　方形补偿器

H—长臂；B—平行臂

1—公称直径为 D_g<200 mm 垂直焊缝；

2—公称直径为 D_g≥200 mm 45°焊缝

3)波纹补偿器。波纹补偿器是以金属薄板压制并拼焊起来的伸缩装置，其特点是结构紧凑，补偿量较大，密封性好，通用性强，制作较为复杂。波纹补偿器类型较多，地沟敷设时多采用轴向式波纹补偿器。

波纹补偿器在安装前宜预拉伸，其预拉伸量可取额定补偿量的 30% 或 50%，拉伸方法为：装好波纹管，在波纹管以外的管段上切去一段和预拉伸的长度相等的管长，拉伸后再焊接。管道安装完毕后，要拆下波纹器上的拉杆，如图 3-27 所示。

4)套筒式补偿器。套筒式补偿器也称填料函式补偿器，主要由内套筒、外壳和密封填料组成。它以导管和套筒的相对运动来补偿管道的热伸缩，导管和套管支架以压紧的填料来实现密封。其结构特点为结构尺寸小、占据空间小、安装简便、补偿能力大，如图 3-28 所示。

图 3-27 波纹补偿器　　　　　　　图 3-28 套筒式补偿器

（5）管道支架。管道的支撑结构称为支架。根据制约作用不同，管道支架可分为活动支架和固定支架；活动支架根据管道在支架梁上的活动方式不同，又可分为滑动支架、导向支架、滚动支架。

1）活动支架：允许管道在支撑点处发生轴向位移的管道支架称为活动支架。常用的滑动支架的构造如图3-29所示。

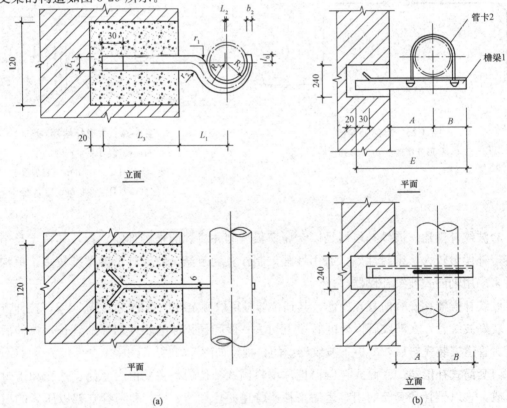

图 3-29 滑动支架
(a)托钩式滑动支架；(b)管卡式滑动支架

· 70 ·

2)固定支架：限制管道在支撑点处发生径向和轴向位移的管道支架称为固定支架。固定支架承受管道因温度、压力的影响而产生的轴向伸缩推力和变形应力，因此必须有足够的强度。固定支架设置在补偿器的两侧，目的是均匀分配补偿器间的管道伸缩量。固定支架均为托架架构。常用的固定支架如图3-30所示。

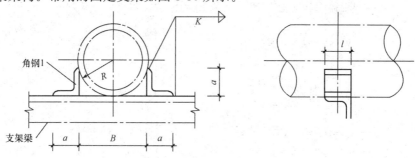

图3-30　固定支架

(6)除污器。除污器用于截留、过滤管路中的污物和杂质，以保证系统中的水质洁净，防止管路阻塞。除污器有立式直通、卧式直通和卧式角通三种形式。

除污器一般应安装在热水采暖系统循环水泵的入口、热交换器的入口、建筑物热力入口装置处。安装时除污器不得反装，进出水口应设阀门。

3.2.3　采暖管道

室内采暖系统常用的管材有钢管、塑料管两种。

1. 钢管

钢管根据生产工艺不同，分为焊接钢管和无缝钢管。

(1)焊接钢管。焊接钢管包括普通焊接钢管(俗称水煤气管)、直缝卷制电焊钢管和螺旋缝电焊钢管等。通常用普通碳素钢中钢号为Q215、Q235、Q255的软钢制造而成。按其表面是否镀锌，可分为镀锌钢管和非镀锌钢管；按钢管壁厚不同，又分为普通钢管、加厚钢管两种；按管端是否带有螺纹，还可分为带螺纹钢管和不带螺纹钢管两种。

镀锌钢管是在钢管表面进行了镀锌处理，可以防止管道锈蚀，保证水质，延长管道的使用寿命。焊接钢管的规格以公称直径"DN"表示。焊接钢管的公称直径既不是管道内径，也不是管道外径，是为了使用方便而人为规定的一种直径。钢管的连接方式有螺纹连接、焊接、法兰连接，管道$DN \leqslant 32$时采用螺纹连接，管道$DN > 32$时采用焊接。

当采用螺纹连接时，其延长、分支、变径及转弯处，要用各种管件。常用的管件有管箍、活接头、补心、三通、弯头、管堵等，如图3-31和图3-32所示。

(2)无缝钢管。无缝钢管常用普通碳素钢、优质碳素钢或低合金钢制造。按制造方法，无缝钢管可分为热轧和冷轧两种，其规格以"外径×壁厚"表示，如$D108 \times 4$。无缝钢管常用于输送氧气、乙炔、室外供热管道和高压水管线。

常用的管件有无缝冲压弯头及无缝异径管两种。其连接方式有焊接和法兰连接，如图3-33所示。

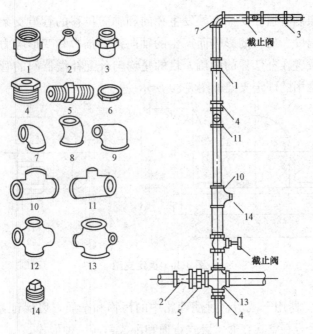

图 3-31 各种管件

1—管箍；2—异径管箍；3—活接头；4—补心；5—外螺丝；6—根母；7—90°弯头；8—45°弯头；9—异径弯头；10—管径三通；10—异径三通；12—等径四通；13—异径四通；14—管堵

图 3-32 焊接钢管

图 3-33 无缝钢管

2. 塑料管

塑料管是以合成树脂为主要原料，加入适量添加剂，在一定温度和压力下塑制成型的有机高分子材料管道。适用于室内外输送冷热水和低温地板辐射采暖管道的聚乙烯管（PE 管）、聚丙烯管（PP-R 管）、聚丁烯管（PB 管）等；适用于输送生活污水和生产污水的聚氯乙烯管（PVC-U 管）。

分户热计量系统户内管道常采用塑料管材，户外管道采用焊接钢管，户内外管道采用钢塑连接件。

户内采暖管道常用的塑料管材有交联铝塑复合管（PAXP）、聚丁烯管（PB）、交联聚乙烯管（PEX）、无规共聚聚丙烯管（PP-R）和嵌段共聚聚丙烯管（PP-B）。

3.2.4 管道防腐与保温

1. 防腐

为了延长采暖系统的使用寿命，防止采暖系统的设备和管道受到腐蚀，必须采取相应的防腐措施。防腐前应将表面的锈层、油垢、灰尘等污物清除干净，这样有利于涂料与金属表面的结合。

室内采暖管道、支架一般采用手工除锈，除锈处理后，再刷两道防锈漆。

2. 保温

采暖系统中凡是无效、热损失大的管道、设备均须保温，如室内地沟、管道井、穿越不保温楼梯间的采暖管道等，保温应在防腐处理后进行，保温层的外表面应做保护层。

供热管道保温是为了减少供热管道及其附件、设备等向周围环境散失热量的措施。其作用是减少供热介质在输送过程中的热量损失，节约燃料，保证供热质量以满足用户的需要。因此，必须选择良好的保温材料，良好的保温材料应具有导热系数小、质轻、吸湿率低、耐热、不燃烧、易加工、施工方便、不腐蚀金属和价格低廉等特点，同时还应具有一定的机械强度。

常用的保温材料有岩棉制品、玻璃纤维制品、聚氨酯泡沫塑料制品等。常用的保护层材料有玻璃布、玻璃乳化沥青漆和镀锌钢丝等。保温结构如图 3-34 所示。

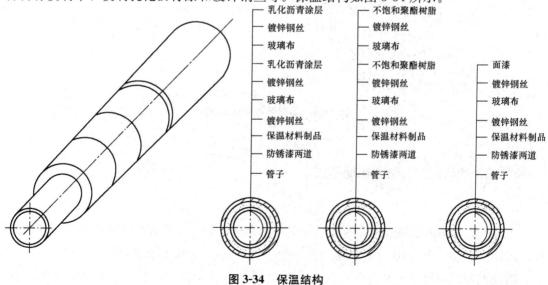

图 3-34 保温结构

3.3 低温地辐射采暖系统的组成

低温地辐射采暖系统是以温度不高于 60 ℃的热水为热媒，在加热管内循环流动，加热地板，通过地面以辐射和对流的传热方式向室内供热的采暖方式。系统主要材料包括加热管、分水器、集水器及连接件和绝热材料。其安装方式一般分为埋管式和组合式两大类。

3.3.1 系统的组成与形式

1. 分户独立热源采暖系统

分户独立热源采暖系统主要由壁挂炉、循环水泵、供回水管、过滤器、分集水器、地热管、膨胀水箱等组成。

2. 集中热源采暖系统

集中热源采暖系统主要由共用立管、入户装置(过滤器、热量表、锁闭阀、控制阀等)、分水器、集水器、供回水支管及地热管等组成。该系统共用立管和入户装置宜设置在管道井内，管道井设在公共的楼梯间或户外公共空间，每一对共用立管在每层连接的户数不宜超过 3 户，如图 3-35 所示。

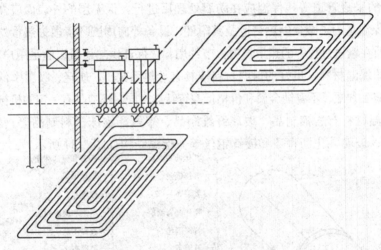

图 3-35 集中热源采暖系统

3.3.2 地热管的管材与布管方式

1. 管材

低温地辐射采暖系统地热管的管材均采用塑料管。目前，常用的塑料管有交联聚乙烯管(PEX)、聚丁烯管(PB)、无规共聚聚丙烯管(PP-R)、嵌段共聚聚丙烯管(PP-B 或 PP-C)、耐高温聚乙烯管(PE-RT)等。这几种管材均具有抗老化、耐腐蚀、不结垢、承压高、无污染、易弯曲、水力条件好等优点，尤其是交联聚乙烯管，在国内外得到了广泛应用。

2. 布管方式

地辐射采暖系统地热管采用不同布置形式时，导致的地面温度分布是不同的。布管时，应本着保证地面温度均匀的原则进行，宜将高温段优先布置于外窗、外墙侧，使室内温度分布尽可能均匀。地热管常用的布管方式有"回"字形、S形，如图3-36所示。

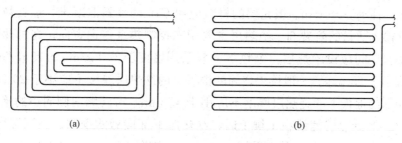

图3-36 地热管常用的布置方式
(a) "回"字形；(b) S形

3.3.3 分集水器构造

地暖系统一般采用分水器、集水器与管路系统连接。分水器、集水器组装在一个分水器、集水器箱内，每套分水器、集水器负责3~8个分支环路的供回水。分水器、集水器的直径一般为25 mm。分水器前应设置放气阀。分水器、集水器供回水连接管间应设旁通管，旁通管上应设阀门，以便在水流不进入地暖盘管的情况下，对采暖系统进行清洗；分水器、集水器及连接件的材料应采用耐腐蚀材料，宜为铜制。

分水器是用来集中控制和分配每个环路地热管水流量的管道附件。集水器是将各环路地热管的水流量汇集在一起的管道附件。每个环路地辐射管的进、出水口应分别与分水器、集水器相连，每个分、集水器上均应设置手动或自动排气阀，每个分支环路供、回水管上均应设置可关闭阀门。在分水器的供水管道上，顺水流方向应安装阀门、过滤器和热计量装置，在集水器之后的回水管道上应安装阀门。

分水器、集水器宜布置在厨房、盥洗室、走廊廊头等既不占用使用面积，又便于操作的部位，并留有一定的检修空间，且每层安装位置相同。分水器、集水器距共用立管的距离不得小于350 mm。

分集水器构造如图3-37所示。

图3-37 分集水器构造

3.3.4 地辐射采暖地板

地暖的地面结构一般由地面层、找平层、填充层、绝热层、结构层组成。其中，地面层是指完成的建筑装饰地面；找平层是在填充层或结构层之上进行抹平的构造层。填充层用来埋置、覆盖保护加热管并使地面温度均匀，其厚度不宜小于 50 mm。一般来说，公共建筑≥90 mm，住宅≥70 mm。填充层的材料应用 C15 的豆石混凝土，豆石粒径不宜大于 12 mm，并宜掺入适量的防裂剂。绝热层主要用来控制热量传递方向，在加热管及其覆盖层与外墙、楼板层间应设绝热层。绝热层一般采用密度≥20 kg/m³ 的聚苯乙烯泡沫塑料板，厚度不宜小于 25 mm。一般楼层之间的楼板上的绝热层厚度不应小于 20 mm，与土壤或室外空气相邻的地板上的绝热层厚度不应小于 40 mm，沿外墙内侧周边的绝热层厚度不应小于 20 mm。当绝热层铺设在土壤上时，绝热层下部应做防潮层。当潮湿房间（如卫生间、厨房等）敷设地暖时，加热管覆盖层（填充层）上应做防水层，如图 3-38 所示。

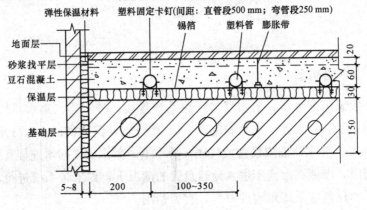

图 3-38 地辐射采暖地板构造示意图

填充层应设伸缩缝，伸缩缝的位置、距离及宽度应根据计算确定。一般在面积超过 30 m² 或长度超过 6 m 时，伸缩缝设置间距≤6 m，伸缩缝的宽度≥5 mm；面积较大时，伸缩缝的设置间距可适当增大，但不宜超过 10 m。加热管穿过伸缩缝时，宜设长度不小于 100 mm 的柔性套管。

3.4 散热器及辅助设备安装

3.4.1 散热器安装

散热器是室内采暖系统的主要设备，散热器安装顺序为：画线定位→打洞→栽埋托钩或卡子→散热器除锈、涂装→散热器组对→散热器单组水压试验→散热器除锈、涂装→挂装或落地安装散热器。

散热器除锈、涂装可在散热器组对前进行,也可在组对试压合格后进行。栽埋散热器托钩、支架可以与散热器组对试压同时进行,也可分别先后进行。

1. 散热器组对材料

(1)散热器片:当散热器挂装时,则不需要带足片。当散热器落地安装时,若一组散热器的片数为 n 片,当 $n \leq 14$ 片时,应有两片带足片;当 $15 \leq n \leq 24$ 片时,应有三片带足片,其余为中片;当 $n \geq 25$ 片时,应有四个足片,足片分布均匀。

(2)对丝:对丝是单片散热器之间的连接件,一端为正扣,另一端为反扣。组对 n 片散热器需要 $2(n-1)$ 个对丝,对丝口径与散热器的内螺纹一致。

(3)散热器垫片。每个对丝中要套一个成品耐热石棉橡胶垫片,以密封散热器接口,组对 n 片散热器需要 $2(n+1)$ 个散热器垫片。

(4)散热器补心:补心是散热器与接管的连接件。当散热器管子 $DN<40$ mm 时,需用补心,通常每组散热器用两个补心,可根据设计的接管口径选用。外丝拧入散热器内螺纹接口中,内丝用以连接散热器支管,每组散热器用补心两个。

(5)散热器堵头:用于对散热器不接管的一侧封堵,规格与散热器内螺纹一致,也有正反扣之分,通常尽可能用反扣堵头。散热器如需局部放气时,可在堵头上打孔攻丝,装手动跑风门。

散热器对丝、补心、堵头构造如图 3-39 所示。

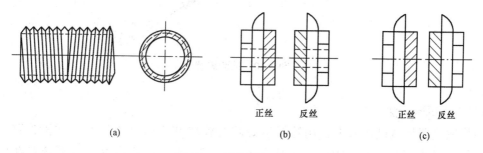

图 3-39 散热器组对零件
(a)对丝;(b)补心;(c)堵头

2. 散热器组对

(1)散热器组对方法。

1)组对散热器时,将散热器平放在组对架上,正扣朝上。

2)用两个对丝的正扣,分别拧入散热器上、下口 1~2 扣,并套上石棉橡胶垫。

3)把第二片散热器的正扣对正组对架上的对丝,找正之后,将两把专用钥匙插入两个对丝孔中并卡在对丝的凸缘处,此时由两个人同时操作,顺时针旋转钥匙,使对丝跟着旋转,两片散热器即随着靠贴压紧,而达到密封要求。当散热器组对到设计片数时,分别在每组散热器两侧,根据进出口介质流向装上补心和堵头。

(2)散热器组对要求。散热器组对后,散热器垫片外露不应大于 1 mm。

3. 散热器水压试验

(1)试验数量。铸铁散热器组对后和成组成品散热器进场后均要进行水压试验。

组对需要逐组进行水压试验。成品需要抽样检查,先抽取 10%,若不合格,再抽取 10%;若还有不合格时,需全数进行水压试验。

(2)试验标准。散热器试验标准见表 3-1。

表 3-1 散热器试验标准

散热器型号	60型、M132柱型、圆翼型		扁管型		板式	串片式	
工作压力/MPa	≤0.25	>0.25	≤0.25	>0.25	—	≤0.25	>0.25
试验压力/MPa	0.4	0.6	0.6	0.8	0.75	0.4	1.4
要求	试验时间为 2~3 min,不渗、不漏为合格						

(3)试验装置。试验装置如图 3-40 所示。

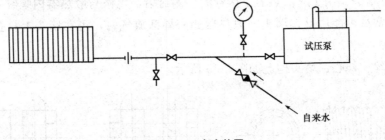

图 3-40 试验装置

(4)水压试验方法。

1)将散热器抬至试压台上,用管钳上好临时管堵和临时补心,配好试压管路。设置好放风门、进水阀门、补心阀门、压泵出水阀、压力表等,连接好试压泵管路和水源管路等。

2)开启进水阀门和补水阀门,向散热器中充水,同时开放气阀放气,若散热器水满时关闭进水阀和防风门。

3)打开压泵出水阀,向压泵内灌水,当压泵水箱的水基本充满时,关闭补水泵。

4)开启散热器进水阀的压力表阀,用压泵加压到规定的试验压力值时,再关闭压泵出水阀,持续 2~3 min,观察散热器上每个接口有无渗漏,无渗漏者为合格。

4. 散热器支架、托架安装

散热器支架、托架安装应位置准确,埋设牢固。散热器支架、托架个数应符合设计或产品说明书要求。

5. 散热器挂装或带足落地安装

散热器的安装分为明装、暗装和半暗装三种形式。明装为散热器全部裸露于墙的内表面安装;暗装为散热器全部嵌入墙槽内安装;半暗装为散热器的宽度一半嵌入墙槽内安装。

靠窗口安装的散热器，其垂直中心线应与窗口垂直中心线相重合。安装程序为：画线→打眼→栽托钩→挂散热器。

(1)在同一房间内，同时有几组散热器时，几组散热器应安装在同一水平线上，高低一致。

(2)安装好的散热器背面与装饰后的墙内表面间的距离，应符合设计或产品说明书要求。如设计未注明，应为30 mm。

3.4.2 低温地辐射采暖系统地热管安装

地辐射采暖施工应在建筑封顶后，室内装饰工作如吊顶、抹灰等完成后进行，低温地辐射采暖工程的施工环境温度不宜低于5 ℃，入冬以前完成，不宜冬期施工。

地热管的安装工序为：隔热保温层铺设→地热管铺设→压力试验→铺设混凝土垫层。

1. 隔热保温层铺设

(1)在铺设隔热保温层之前，应先将地面清扫干净，不得有任何凹凸不平及砂石碎块、钢筋头等。

(2)隔热保温层可采用贴有锡箔的自熄型聚苯乙烯保温板，锡箔面朝上。隔热保温层的铺设应平整，相互间的接缝应严密。

(3)直接与土壤接触的或有潮气侵入的地面，在铺放隔热保温层之前应先铺一层防潮层。

2. 地热管铺设

(1)地热盘管铺设应由远到近逐环铺设，并用专用塑料卡钉固定。

(2)地热盘管弯曲部分不得出现硬折弯现象，曲率半径不应小于管道外径的8倍。

(3)垫层内的地热管不应有接头。检验方法：隐蔽前现场查看。

(4)地热盘管固定点的间距，直管段部分固定间距宜为0.7~1.0 m，弯曲管段部分的固定点间距宜为0.2~0.3 m。

(5)地热管的环路布置应尽可能少穿建筑伸缩缝，穿越伸缩缝处应设长度不小于100 mm的两端均匀的柔性套管。

(6)加热管伸出地面至分水器、集水器连接处，弯管部分不宜露出地面装饰层。加热管出地面至分水器、集水器下部球阀接口之间的明装管段，外部应加装塑料套管。套管应高出装饰地面150~200 mm。

(7)加热管的内外表面应光滑、平整、干净，不应有可能影响产品性能的明显划痕、凹陷、气泡等缺陷。

(8)加热管管径、间距和长度应符合设计要求。间距偏差不大于±10 mm。

(9)加热管安装间断或完毕时，敞口处应随时封堵。

(10)管道安装过程中，应防止涂料、沥青或其他化学溶剂污染管材、管件。

(11)加热管切割应采用专用工具；切口应平整，断面应垂直管轴线。

(12)熔接连接管道的结合面应有一个均匀的熔接圈，不得出现局部熔瘤或熔接圈凹凸不均匀现象。

(13)加热管应设固定装置，可采用下列方法固定：用固定卡将加热管直接固定在绝热板或设有复合面层的绝热板上；用扎带将加热管固定在铺设于绝热层上的网格上；直接卡在铺设于绝热层表面的专用管架或管卡上；直接固定于绝热层表面凸起间形成的凹槽内。塑料加热管固定方式如图3-41所示。

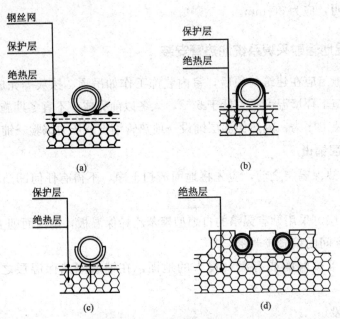

图3-41 塑料加热管固定方式
(a)塑料扎带绑扎(保护层为铅箔)；(b)塑料卡钉(管卡，保护层为聚乙烯膜)；
(c)管架或管托(保护层为聚乙烯膜)；(d)带凸台或管槽的绝热层

(14)加热管与分水器、集水器连接，应采用卡套式、卡压式挤压夹紧连接；连接件宜为铜制；铜制连接件与PP-R管或PP-B管直接接触的表面必须镀镍。

3. 压力试验

地热管铺设好后，在隐蔽前必须做水压试验，水压试验按设计要求进行。如设计无规定时，应符合下列规定：试验压力为系统工作压力的1.5倍，且不应小于0.6 MPa。加压宜采用手动泵缓慢升压，升压时间不得少于10 min，稳压1 h后，其压力下降至≤0.05 MPa，且不渗、不漏为合格。

4. 铺设混凝土垫层

(1)地热管隐蔽试验合格后，即可回填豆石混凝土，而且采用人工夯实，不可用振捣器。

(2)回填混凝土时，管道内应保持有不低于0.4 MPa的压力，且不允许踩压已铺好的环路。

(3)豆石混凝土的厚度为40~60 mm，最后在混凝土层上方按设计要求铺设地面材料。

3.4.3 热水采暖系统辅助设备安装

1. 排气装置的安装

排气装置在采暖系统的最高点，其目的是收集并排除系统中的空气，保证系统的正常工作。采暖系统常用的排气装置有集气罐、自动排气阀与散热器手动排气阀等。

(1)集气罐安装。集气罐有立式集气罐和卧式集气罐两种，一般立式集气罐安装于采暖总立管的最上端，如图 3-42 所示。

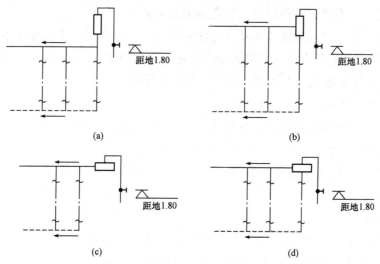

图 3-42 集气罐安装方式
(a)、(b)立式集气罐；(c)、(d)卧式集气罐

集气罐的安装要求如下：
1)集气罐一般安装于采暖房间内，否则应采取防冻措施。
2)安装时应有牢固的支架支承，以保证安装的平稳牢固，一般采用角钢栽埋于墙内作为横梁，再配以 φ12 的 U 型螺栓进行固定。
3)集气罐在系统中与管配件保持 5～6 倍直径的距离，以防涡流影响空气的分离。
4)排气管管径一般采用 $DN15$，其上应设截止阀，中心距地面 1.8 m 为宜。

(2)自动排气阀安装(丝扣连接)。自动排气阀大多是依靠水对浮体的浮力，使排气孔自动打开或关闭，达到排气的目的。自动排气阀一般采用丝扣连接，安装后应保证不漏水。自动排气阀的安装要求如下：
1)为避免杂物进入自动排气阀的浮动装置内，影响关闭严密性导致漏水，应在管道安装完毕冲洗后，再安装自动排气阀。
2)自动排气阀应垂直安装在干管或立管上。
3)为了便于检修，应在连接管上设阀门，但在系统运行时该阀门应处于开启状态。
4)排气口一般不需接管，如需接管时排气管上不得安装阀门，排气口应避开建筑设施。

(3)散热器手动排气阀安装。散热器手动排气阀适用于工程压力 $P \leqslant 600$ KPa，工作温

度 $t\leqslant100$ ℃的水或蒸汽采暖系统的散热器上。它多用在水平式和下供下回式系统中，旋紧在散热器上部专设的丝孔上，以手动方式排除空气。

2. 分水器、集水器的安装

分水器、集水器分别安装在低温地板辐射采暖系统的供回水支管上，分水器、集水器要求如下：

(1) 分水器、集水器的型号、规格、公称压力及安装位置、高度等应符合设计要求。检验方法：对照图纸及产品说明书，尺量检查。

(2) 分水器、集水器宜在铺设加热管之前进行安装。

(3) 分水器、集水器应固定于墙壁或专用箱体内。当分水器、集水器水平安装时，分水器安装在上，集水器安装在下，分集水器中心距不得小于 200 mm，集水器中心距地面应不小于 300 mm。当分水器、集水器垂直安装时，分水器、集水器下端距地面应不小于 150 mm。

(4) 为防止局部地面温度过高，加热管始末端伸出地面至连接配件的管段，应设置在硬质套管内，然后与分水器、集水器进行连接。

(5) 将分水器、集水器与进户装置、系统管道连接完。在安装仪表、阀门、过滤器等时，要注意方向，不得装反。

3. 阀门安装

(1) 阀门安装前应仔细检查，核对阀门的型号、规格、材质是否符合设计要求。

(2) 阀门安装前，应做强度和严密性试验，试验应在每批(同牌号、同型号、同规格)数量中抽查 10%，且不少于一个。对于安装在主干管上起切断作用的闭路阀门，应逐个做强度和严密性试验。

(3) 水平管道上的阀门、阀杆和手轮应朝上；架空管道上的阀门、阀杆和手轮可水平安装。

(4) 阀门安装方向应与阀体上箭头指向一致。

(5) 阀门设置位置：多层和高层建筑的热水采暖系统中，每根立管和分支管道的始末端均应设置调节、检修和泄水用的阀门；采暖系统各并联环路应设置关闭和调节装置。当有冻结危险时，立管或支管上的阀门至干管的距离不应大于 120 mm。

4. 热计量表安装

热计量表由流量计、温度传感器和积分仪组成。

(1) 供回水温度传感器分别安装在传感器套管内。

(2) 传感器探头安装前，先在套管接口加密封垫(去掉密封垫自带保护塑料帽)插入传感器探头，并最大限度地推进套管内，然后用固定螺帽拧紧。

(3) 回水温度传感器应装在流量计后面。

5. 补偿器安装

(1) 补偿器在安装时，应进行预拉伸，其预拉后的安装长度，应根据管段受热后的最大伸缩量来确定。

(2)方形补偿器的类型和尺寸由设计确定，尺寸较小的可用一根管煨成，大尺寸的可用两根或三根管子煨制后焊成，但焊口不得留在顶部宽边平行臂上，只能在垂直臂中点设置焊缝。

(3)套管补偿器安装要求中心线和直管段中心线一致，不得偏斜，并在靠近补偿器两侧各设置一个导向支架。

(4)波纹补偿器安装前，先在其两端接好法兰短管，然后用拉管器拉伸到预定值，再整体放到管道上焊接。

(5)方形补偿器与管道的连接一般采用焊接。波形补偿器、套筒式补偿器、球形补偿器安装时与管道的连接采用法兰连接。

(6)各种补偿器安装时，其两端必须安装固定支架，两固定支架之间装活动支架或导向活动支架，补偿器应位于两固定支架间距的1/2处。

3.5 室内采暖系统安装

室内采暖系统安装施工工艺流程为：安装准备→预制加工→卡架安装→采暖总管安装→采暖干管安装→采暖立管安装→散热设备安装→采暖支管安装→系统水压试验→冲洗→防腐→保温→调试。

采暖系统安装施工，前期准备工作应认真熟悉施工图纸，配合土建施工进度，预留孔洞及安装预埋件，并按设计图纸画出管路的位置、管径、变径、坡向及预留孔洞、阀门、卡架等位置的施工草图。按施工草图进行管段的加工预制，并按安装顺序编号存放。安装管道前，应先按设计要求或规定间距安装卡架。

3.5.1 室内采暖管道安装基本要求

(1)焊接钢管管径 $DN \leqslant 32$ mm，采用螺纹连接；管径 $DN > 32$ mm，采用焊接。

(2)镀锌钢管管径 $DN \leqslant 100$ mm 时，采用螺纹连接，套丝扣时破坏的镀锌层表面及外露螺纹部分应作防腐处理；管径 $DN > 100$ mm 时，采用法兰或卡套式专用管件连接。

(3)采暖系统的最高点应设排气装置，最低点应设泄水装置。

(4)管道穿墙、楼板时应设套管，套管直径比被套管管径大两号，套管应符合下列规定：

1)管道穿楼板时，应设钢套管，套管顶部高出地面 20 mm，安装在卫生间的立管，套管顶部高出地面 50 mm，套管底部与楼板底面相平。

2)管道穿墙时，应设钢套管，套管两端与墙面齐平。

(5)管道穿墙、基础和楼板时，应配合土建预留孔洞。

(6)管道安装过程中，多种管道交叉时应采用小管让大管、冷水管让热水管、压力管让无压管、水管让风管的避让原则。

3.5.2 室内采暖管道安装

室内采暖管道安装一般按总管及其入口装置→干管→立管→支管的施工顺序进行，同时应在每一施工部位的管道中或安装后，按相关规范的规定用支架将其固定。

1. 用户采暖入口装置

室外供热管网与用户采暖系统连接的节点称为用户采暖入口装置。用户采暖入口装置应有温度计、压力表、平衡阀及热量计量表等仪表设备，以便对系统进行调节、检测和计量。其分为带热计量表的入口装置和不带热计量表的入口装置，如图 3-43 所示。

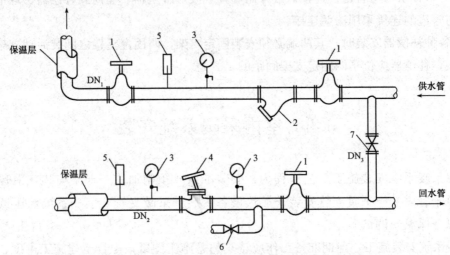

图 3-43　热水采暖入口装置

1—阀门；2—过滤器；3—压力表；4—平衡阀；5—温度计；6—闸阀；7—阀门

2. 干管安装

干管分为供水干管及回水干管两种。敷设于地沟、管道井、设备层、地下室内的干管一般应做保温。

干管的安装可按下列顺序进行：管道定位→安装支架→管道就位→管道连接→水压试验→防腐保温。

(1) 管道定位。根据设计以及坡度要求画出管道安装中心线，也是支架安装的基准线。

(2) 支架安装。管道定位后安装支架，管道支架的安装应符合下列要求：

1) 固定在建筑结构上的管道支、吊架不得影响结构的安全。

2) 支架位置应准确，埋设应平整牢固。

3) 固定支架与管道接触应紧密，固定应牢靠。

4) 滑动支架应灵活，滑托与滑槽两侧间应留有 3~5 mm 的间隙。

5) 纵向移动量应符合设计要求。

6) 有热伸长管道的吊架、吊杆应向热膨胀的反方向偏移。

(3) 管道就位。

1) 在支架安装好并达到强度要求后开始安装管道，把预制好的管道对号入座，安放到预埋好的支架上,管道在支架上要采取临时固定。

2)安装托架上的管道时,先把管子就位在托架上,用 U 形卡固定第一节管道,然后依次固定各节管道和螺栓。

(4)管道连接。

1)干管安装应从进户或分支路点开始,装管前要检查管腔并清理干净。

2)水平干管安装应有坡度,当设计无注明时,气、水同向流动的采暖干管,坡度应为 3‰,且不得小于 2‰;气、水逆向流动的采暖干管,坡度不应小于 5‰。

3)采暖干管过外门时,应设局部不通行地沟,且管道上应设排气阀和泄水阀。

4)干管一般采用焊接,管道变径的位置应在三通后 200 mm 处。

5)遇有伸缩器,应按规范要求做好预拉伸,按位置固定,与管道连接好,并在伸缩器的两端设固定支架。

采暖干管安装完毕,隐蔽前应进行水压试验,验收合格后,再进行防腐保温。

3. 立管安装

立管安装顺序为:管道定位→安装支架→管道安装,安装前应复核预留孔洞的位置和尺寸。

(1)管道定位。立管安装首先要确定安装位置,其安装位置要考虑便于操作与维修。管道距左侧应不少于 150 mm,距右侧墙不应少于 300 mm。

(2)支架安装。为保证管道安装的垂直度,立管上应安装管卡。根据立管与墙面的净距,确定管卡的位置,栽埋好管卡。

1)楼层高度小于或等于 5 m,每层必须安装一个。

2)楼层高度大于 5 m,每层不得少于 2 个。

3)管卡安装高度,距地面应为 1.5~1.8 m,2 个以上管卡应匀称安装,同一房间管卡应安装在同一高度上。

(3)管道安装。

1)立管安装应从底层到顶层逐层安装,每安装一层管道均应穿入套管,并在安装后逐层用管卡固定。

2)从地沟内接出的采暖立管用 2~3 个弯头连接,并在立管的下端装泄水装置,采暖立管与地沟内干管的连接,如图 3-44 所示。从上供式采暖干管接出的采暖立管,为保证立管与后墙的安装净距,应采用乙字弯连接,如图 3-45 所示。

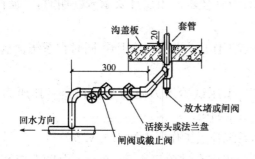

图 3-44 采暖立管与地沟干管的连接

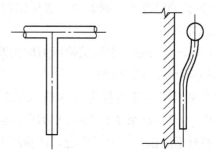

图 3-45 采暖立管与明装干管的连接

3)双管系统采暖立管与散热器支管连接,立管与支管垂直交叉时,立管上应设抱弯,绕过支管,弯曲部分侧向室内,如图3-46所示。

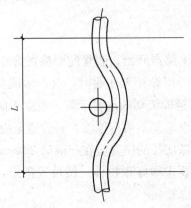

图3-46 双管系统采暖立管与散热器支管连接

4)穿楼板套管应用钢套管,套管与管道间应用阻燃材料填实,并调整其位置使套管固定牢固。

4. 散热器支管安装

(1)支管的安装应在散热器安装合格后进行,安装前应检查散热器位置及立管预留口是否正确,量出支管尺寸并下料。

(2)支管与散热器的连接应采用可拆卸管件连接,如长丝、活接头等。支管不得与散热器强制连接,以免漏水。

(3)当散热器支管长度超过1.5 m时,应安装管卡。

(4)连接散热器的支管应有坡度,坡度应为1‰,坡向应利于排气和泄水。

(5)支管与散热器连接时,应采用乙字弯。

3.5.3 系统水压试验

1. 系统水压试验

室内采暖系统安装完毕,管道保温之前应进行水压试验。水压试验的目的是检查管道系统的机械强度和严密性,水压试验可以分段进行,也可以整个系统进行。试压人员必须由施工方会同监理方一同参加。水压试验应符合设计要求。当设计要求未注明时,应符合下列规定:

(1)热水采暖系统水压试验压力应为系统顶点工作压力加0.1 MPa,同时在系统顶点的试验压力不小于0.3 MPa。

(2)使用塑料管及复合管的热水采暖系统,水压试验压力应为系统顶点工作压力加0.2 MPa,同时在系统顶点的试验压力不小于0.4 MPa。

(3)对于高温热水采暖系统,试验压力应为系统顶点工作压力加0.4 MPa。

检验方法:对于使用钢管及复合管的采暖系统应在试验压力下10 min内压力降至不

大于 0.02 MPa,降至工作压力后检查,不渗、不漏;使用塑料管的采暖系统应在试验压力下 1 h 内压力降不大于 0.05 MPa,然后降至工作压力的 1.15 倍,稳压 2 h,压力降至不大于 0.03 MPa,同时各连接处不渗不漏。

2. 水压试验方法

(1)打开水压试验管路中的阀门,向采暖系统注水。

(2)开启系统最高点处的排气阀,将系统的空气排尽,待水注满后,关闭排气阀和进水阀,停止向系统注水。

(3)打开连接加压泵的阀门,用试压泵加压,同时拧开压力表上的旋塞阀,观察压力逐渐升高的情况,在此过程中,每加压至一定数值时,应停泵对管道进行全面检查,无异常现象,方可再继续加压。一般分 2~3 次升至试验压力。

(4)当压力升至试验压力时,停止加压,进行检查,不渗不漏为合格。

(5)在试压过程中,应注意检查法兰、丝扣接头、焊缝和管件等处,并做好记录。试压结束后,对不合格处进行修补,然后重新试压,直到合格为止。

(6)水压试验合格后,应将管道中的水排净。

水压试验合格后,进行管道水冲洗,水冲洗合格后,进行防腐保温。

3. 系统冲洗

系统试压合格后,应对系统进行冲洗并清扫过滤器及除污器。检验方法:现场观察,直至排除水不含泥沙、铁屑等杂质,且水色不浑浊为合格。

4. 系统调试

系统冲洗完毕应充水、加热,进行试运行和调试。检验方法:观察、测量室温应满足设计要求。

3.6 室内采暖工程施工图的识读

3.6.1 采暖工程施工图的组成与内容

室内采暖施工图一般由图纸目录、设计施工总说明、平面图、系统图、详图、设备及主要材料明细表等组成。

1. 图纸目录

图纸目录是将全部施工图纸按其编号、图名,顺序填入图纸目录表格,同时在表头上注明建设单位、工程项目、分部分项工程名称等,装订于封面。其作用是核对图纸数量,便于识图时查找。

2. 设计施工总说明

设计施工总说明主要用文字阐述采暖系统的工程概况、设计依据、设计范围、设计参数,如室内计算温度、围护结构传热系数、室外气象参数等;采暖设计热负荷、热源形式、系统阻力等；设计中无法用图形表示的一些设计要求，如散热器的种类及其安装方式、管道材料及连接方式、防腐保温情况、设备类型及规格；施工中应执行和采用的规范、标准图号；其他设计图纸中无法表示的设计施工要求。

3. 平面图

平面图表示建筑物各层采暖与设备的平面位置，包括底层平面图、标准层平面图和顶层平面图。

平面图可显示出以下内容：

(1)采暖系统入口位置及系统该编号。

(2)室内地沟的位置及尺寸。

(3)干管、立管、支管的位置及立管编号；散热器设备的位置及数量。

(4)其他设备的位置及型号等。

(5)采暖平面图的比例。一般与建筑平面图相同，通常为1∶50、1∶100、1∶200。

4. 系统图

系统图也称轴测图或透视图，表示采暖管道及设备的空间位置及各层间、前后左右的关系。

系统图可显示出以下内容：

(1)管道的空间走向、标高、坡度；各管段的管径。

(2)散热器的位置、片数。

(3)阀门、集气罐、伸缩器、支架的位置等。

(4)在系统图上要标明各立管编号，系统图的比例一般与平面图相同。

5. 详图

详图也称大样图，它表示采暖系统节点与设备的详细构造及安装尺寸。

平面图和系统图中表示不清，又无法用文字说明的地方，用详图表示，如采暖入口装置、管沟断面、保温结构等。如果选用的是国家标准图集，可不绘制详图，但要加以说明，给出标准图集号。

详图一般用局部方法比例来绘制，常用比例为1∶10～1∶50。

6. 设备与主要材料明细表

设备与主要材料明细表是施工图纸的重要组成部分。至少应包括序号、设备名称、技术要求、材料名称、规格或物理性能、数量、单位、备注栏。

3.6.2 采暖工程施工图的一般规定

室内采暖施工图一般规定应符合《暖通空调制图标准》(GB/T 50114—2010)和《供热工程制图标准》(CJJ/T 78—2010)的要求。

1. 管道识图的一般知识

(1)比例。室内采暖施工图的比例一般为1∶200、1∶100、1∶50。

(2)管道在平面图上的表示。各种位置和走向的采暖管道在平面图上的具体表示方法是：水平管、倾斜管用其单线条的水平投影表示。当几根水平投影重合时，可以间隔一定距离并排表示；当管子交叉时，位置较高的可直线通过，位置较低的在交叉投影处要断开表示；垂直管道在图上用圆圈表示。管道在空间向上或向下拐弯时，如图 3-47 所示。

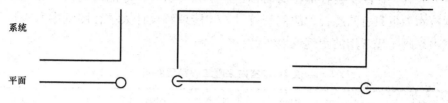

图 3-47　管道在平面图上的表示

(3) 管道在系统图上的表示。系统图反映管道在室内的空间走向和标高位置。左右方向的管道用水平线表示，上下走向的管道用竖线表示，前后走向的管道用 45°斜线表示，如图 3-48 所示。

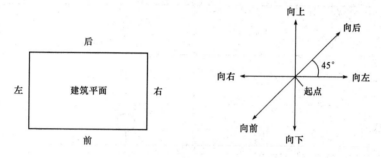

图 3-48　管道在系统图上的表示

(4) 坡度。坡度符号可标在管子的上方或下方，其箭头所指的一端是管子的低端，一般表示为 $i=\times\times\times$。

(5) 管径。钢管管径用公称直径"DN"标注，一段管子的管径一般标在该段管子的两头，而中间不再标注，如图 3-49 和图 3-50 所示。

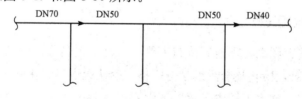

图 3-49　管径标注方法一

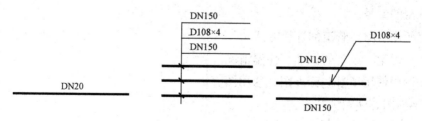

图 3-50　管径标注方法二

2. 采暖工程常用的施工图图例

图例及符号是工程图纸上用来表述语言的字符。工程设计人员只有利用统一规范的图例及符号去表现、标注工程各部位的名称、内容和要求等，才能绘制出一套完整的施工图纸。工程技术人员只有熟悉各种图例及符号，才能理解设计人员在图纸中所表达的内容和要求。室内采暖工程常用的图例见表3-2。

表3-2 室内采暖工程常用图例

图例	名称	图例	名称
 ———○	采暖供水管	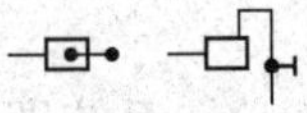 ⊡• ⫯	卧式集气罐
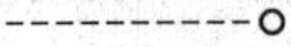 ------○	采暖回水管	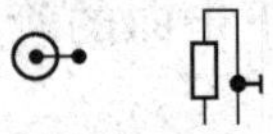 ⊙• ⫯	立式集气罐
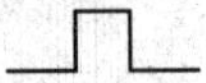 ⊓	方形补偿器	 ⟟	自动排气阀
 ⋈	固定支架	 ∪	温度计
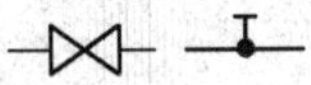 ⋈ ⊦	阀门	 ⌀	压力表
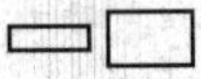 ▭▭	散热器	 →	管道变径
 〰〰〰	地热管		

3.6.3 采暖工程施工图识读

(1)熟悉、核对施工图纸。迅速浏览施工图，了解工程名称、图纸内容、图纸数量、设计日期。对照图纸目录，检查整套图纸是否完整，确认无误后再正式识读。

(2)看施工说明，从文字说明中了解以下内容：

1)采暖工程概况。

2)散热器的型号。

3)管道所用管材，管道的连接方式。

4)管道、支架、设备的刷油、保温情况。

5)施工图中使用了哪些标准图、通用图。

(3)看平面图要注意的几点：

1)散热器的位置、片数。

2)供、回水干管的布置方式及干管上的阀门、固定支架、补偿器的平面位置。

3)膨胀水箱、集气罐等设备的位置。

4)哪些部位的管子走地沟,哪些部位的管子在管道井等。

(4)看系统图要注意的几点:

1)采暖管道的来龙去脉,包括管道的走向、空间位置、管径及管道变径点位置。

2)管道上阀门的位置、规格。

3)散热器与管道的连接方式。

识读时必须分清系统,不同编号的系统不能混读。可按水流方向识读,先找到采暖系统的入口,按供水总管、供水水平干管、供水立管、供水支管、散热设备、回水支管、回水立管、回水水平干管、回水总管的顺序识读;也可按从主管到支管的顺序识读,先看总管,再看支管。

4)与平面图对应地看,掌握哪些管道明装,哪些管道暗装。

(5)要注意对施工图中详图的识读。在采暖平面图和系统图中表示不清楚,又无法用文字说明的地方,一般用详图表示。

采暖施工图中的详图有:

1)地沟内支架的安装大样图。

2)采暖入口处详图,即热力入口详图。

(6)平面图与系统图对照识读。识读时应该将平面图与系统图对照起来看,以便相互补充和相互说明,建立全面、完整、细致的工程形象,以全面地掌握设计意图。

练习题

一、单选题

1. 靠循环水泵提供的动力进行循环的系统称为(　　)。
   A. 自然循环采暖系统　　　　　　　　B. 机械循环采暖系统
   C. 局部采暖系统　　　　　　　　　　D. 集中采暖系统

2. 我国现在高层使用的采暖方式为(　　)。
   A. 自然循环采暖系统　　　　　　　　B. 机械循环采暖系统
   C. 高度差循环采暖系统　　　　　　　D. 温度差循环系统

3. 将热源和散热器设备合并成一个整体,分散设置在各个房间里,结构简单,卫生条件较差,耗能大的采暖方式为(　　)。
   A. 集中采暖系统　　　　　　　　　　B. 局部采暖系统
   C. 区域采暖系统　　　　　　　　　　D. 机械循环采暖系统

4. 热源和散热设备分别设置,供热量大、节约燃料、污染小的采暖方式为(　　)。
   A. 集中采暖系统　　　　　　　　　　B. 局部采暖系统
   C. 区域采暖系统　　　　　　　　　　D. 机械循环采暖系统

5. 以区域锅炉房或电热场为热源,向数栋建筑或区域采暖的系统,称为(　　)。
   A. 集中采暖系统　　　　　　　　　B. 局部采暖系统
   C. 区域采暖系统　　　　　　　　　D. 机械循环采暖系统
6. 适用于高层建筑采暖系统的采暖系统为(　　)。
   A. 双管上供下回式　　　　　　　　B. 水平串联系统
   C. 单、双管混合系统　　　　　　　D. 竖向分区式采暖系统
7. (　　)主要缺点是串联管道热胀冷缩问题解决不好时容易漏水。
   A. 双管上供下回式　　　　　　　　B. 水平串联系统
   C. 单、双管混合系统　　　　　　　D. 竖向分区式采暖系统
8. (　　)主要特点是构造简单,施工方便,管材、管件用量少,但不能分户调节。
   A. 双管上供下回式　　　　　　　　B. 水平串联系统
   C. 单、双管混合系统　　　　　　　D. 垂直单管系统
9. (　　)主要缺点是所用管子长,阀门多,施工复杂,由于自然循环作用压力的影响,会产生上热下冷的垂直失调现象。
   A. 双管上供下回式　　　　　　　　B. 水平串联系统
   C. 单、双管混合系统　　　　　　　D. 垂直单管系统
10. (　　)主要用于 $DN \geqslant 50$ mm 的冷热水、采暖、室内煤气等工程的管路或需双向流动的管段。
    A. 蝶阀　　　　B. 止回阀　　　　C. 截止阀　　　　D. 闸阀

二、填空题

1. 采暖系统是由热源、_____、_____和_____组成的。
2. 按采暖区域划分,可分为局部采暖系统_____、_____和_____。
3. 以_____作为热媒的采暖系统称为热风采暖系统。
4. 焊接钢管的规格以_____来表示。
5. 无缝钢管的规格以_____来表示。
6. PE 又叫作_____。
7. _____常用于输送氧气、乙炔、室外供热管道和高压水管线。
8. 室内采暖管道、支架一般采用_____除锈,除锈处理后,再刷两道防锈漆。
9. 地热管布管方式有_____和_____。
10. 干管一般采用_____的连接方式。

三、问答题

1. 简述不分户计量的室内热水采暖系统形式及其特点。
2. 简述散热器水压试验的要求。
3. 简述管道安装的避让原则。

模块 4　建筑给水排水系统安装工艺与识图

知识目标

1. 掌握室内给水、排水系统安装的工艺要求。
2. 熟悉室内给水、排水、消防系统的分类和组成。
3. 熟悉卫生器具安装的技术要求，掌握卫生器具的安装方法。
4. 熟悉常用管材、设备的性能。
5. 掌握识读室内给水排水施工图的方法。

建筑给水排水系统
安装工艺与识图

能力目标

通过本模块的学习能够看懂不同建筑的给水排水系统施工图。

4.1　室内生活给水排水系统

4.1.1　建筑给水排水系统的分类

4.1.1.1　建筑给水系统的分类

建筑给水系统是将市政给水管网(或自备水源)中的水引入建筑内并输送到室内各配水龙头、生产机组和消防设备等用水点处，并满足各类用水设备对水质、水量和水压要求的冷水供应系统。

建筑给水系统按照其用途可分为以下三类。

1. 生活给水系统

供人们在居住、公共建筑和工业企业建筑内的饮用、烹饪、盥洗、洗涤、沐浴等日常生活用水的给水系统，称为生活给水系统。其水质要求必须严格符合《生活饮用水卫生标准》(GB 5749—2006)的规定。

2. 生产给水系统

因各种生产工艺的不同，生产给水系统种类繁多，主要用于各类产品生产过程中所需的用水、生产设备的冷却、原料和产品的洗涤及锅炉用水等。生产用水对水质、水量、水压及安全方面的要求随工艺要求的不同而有很大的差异。

3. 消防给水系统

供居住建筑、公共建筑及生产车间消防用水的给水系统称为消防给水系统。消防用水对水质要求不高，但必须按照建筑防火设计规范的要求，保证供应足够的水量和维持一定的水压。

4.1.1.2 建筑排水系统的分类

根据排水的来源和水受污染的情况不同，建筑排水系统一般可分为生活排水系统、工业废水排水系统、雨(雪)水排水系统三类。

(1)生活排水系统可分为两个(生活污水排水系统和生活废水排水系统)或多个排水系统(粪便污水排水系统、厨房油烟污水排水系统和生活废水排水系统)等。

(2)工业废水排水系统可分为两类：生产污水排水系统和生产废水排水系统。

(3)雨(雪)水排水系统：用于收集并排除建筑屋面上的雨(雪)水。

根据污废水在排放过程中的关系，排水系统分污废水合流制和污废水分流制，具体根据城市排水体制和建筑污废水分布情况等选择。

4.1.2 室内生活给水系统

4.1.2.1 室内生活给水系统的组成

室内给水系统主要由以下几部分组成：

(1)引入管。室外供水管网穿越建筑物外墙(或基础)进入室内称为引入管，也称进户管。其是指建筑物外第一个给水阀门井引至室内给水总阀门或室内进户总水表之间的管段，多埋设于室内外地面以下，可为一条或者几条。对于一个工厂、一个建筑群体、一个学校区，引入管指总进水管。

(2)水表节点。水表节点是指在引入管上装设的水表及在其前后设置的阀门、泄水装置、旁通管等的总称。水表用于计量建筑物的用水量。阀门用以关闭管网，以便修理和拆换水表。泄水装置为检修时放空管网、检测水表精度及测定进户点压力值。

水表节点有设有旁通管水表节点和无旁通管水表节点，如图4-1所示。

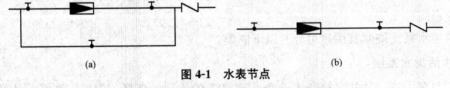

图 4-1 水表节点

(a)设有旁通管水表节点；(b)无旁通管水表节点

(3)给水管道。给水管道是指室内给水干管、立管、支管等组成的管道系统。

1)干管是指从室内总阀门或水表将水自引入管沿水平方向或竖直方向输送到各个立管的管道。

2)立管是指垂直于建筑物各楼层的管道，是将水自干管沿竖直方向输送到各个用水楼层的横支管。

3)支管是指同层内配水的管道，是将立管送来的水送至各配水点的水龙头或卫生器具的配水阀门。

(4) 给水附件。给水附件是指管道上的各种阀门、仪表、水龙头等。其主要用于控制管道中的水流，以满足用户的使用要求。

给水附件主要有配水龙头、闸阀、止回阀、减压阀、安全阀、排气阀等。

(5) 升压和贮水设备。升压设备是为给水系统提供水压的设备，常用开压设备有水泵、气压给水设备、变频调速给水设备。贮水设备是给水系统中储存水量的装置，如贮水池和水箱。

贮水设备的作用是：调节流量，储存生活用水、消防用水和事故备用水，水箱还具有稳定水压和容纳管道中的水、因热胀冷缩体积发生变化时的膨胀水量的功能。

4.1.2.2 室内给水系统的给水方式

1. 直接给水方式

直接给水方式是室内给水管网直接与外部给水管网连接，利用外网水压供水，如图 4-2 所示。适用于外网水压、水量能经常满足用水要求，室内给水无特殊要求的单层和多层建筑。这种给水方式的特点是供水较可靠，系统简单，投资少，安装、维护简单，可以充分利用外网水压，节省能量。但是内部无贮水设备，外网停水时内部立即断水。当室外给水管网水质、水量、水压均能满足建筑物内部用水要求时，应首先考虑采用这种给水方式。

2. 单设水箱供水方式

单设水箱的供水方式是室内管网与外网直接连接，利用外网压力供水，同时设置高位水箱调节流量和压力，如图 4-3 所示。适用于外网水压周期性不足，室内要求水压稳定，允许设置高位水箱的建筑。这种方式供水较可靠，系统较简单，投资较少，安装、维护简单，可充分利用外网水压，节省能量。但设置高位水箱时会增加结构荷载，若水箱容积不足，可能造成停水。

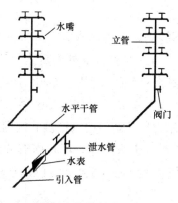

图 4-2 直接给水方式

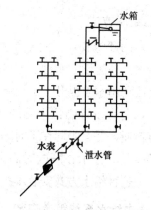

图 4-3 单设水箱供水方式

3. 设贮水池、水泵的给水方式

设贮水池、水泵的给水方式是室外管网供水至贮水池，由水泵将贮水池中水抽升至室内管网各用水点，如图 4-4 所示。适用于外网的水量满足室内的要求，而水压大部分时间不足的建筑。当室内一天用水量均匀时，可以选择恒速水泵；当用水量不均匀时，宜采用变频调速泵,使水泵在高效工况下运行。这种供水方式安全可靠,不设高位水箱,不增加建筑结构荷载,但是外网的水压没有充分被利用。

4. 设水泵、水箱、水池的给水方式

设水泵、水箱、水池的给水方式的特点是:水泵能及时向水箱供水,可缩小水箱的容积;供水可靠,投资较大,安装和维修都比较复杂;设置高位水箱,增加结构荷载。

设水泵、水箱、水池的给水方式适于室外给水管网水压低于或经常不能满足建筑内部给水管网所需水压,且室内用水不均匀时采用,如图4-5所示。

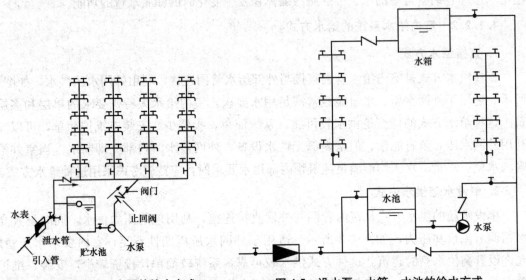

图4-4 设贮水池、水泵的给水方式　　图4-5 设水泵、水箱、水池的给水方式

5. 竖向分区给水方式

对于层数较多的建筑物,当室外给水管网水压不能满足室内用水时,可将其竖向分区。其中低区直接给水,高区设贮水池、水泵、水箱的供水方式是低区与外网直连,利用外网水压直接供水,低区利用水泵提升,水箱调节流量,如图4-6所示。适用于外网水压经常不足且不允许直接抽水,允许设置高位水箱的建筑。在外网水压季节性不足供低区用水有困难时,可将高低区管道连通,并设阀门在平时隔断,在水压低时打开阀门由水箱供低区用水。水池、水箱贮备一定的水量,停水、停电时高区可以延时供水,供水可靠,可利用部分外网水压,能量消耗较少。但这种给水方式安装维护较麻烦,投资较大,有水泵振动、噪声干扰。

4.1.2.3 室内给水系统管道安装

1. 给水管道安装的一般规定

(1)引入管。

1)室外埋地引入管要防止地面活荷载和冰冻的影响。车行道下管顶覆土厚度不小于0.7 m,并应敷设在冰冻线以下0.15 m处。建筑内埋地管无活荷载和冰冻影响时,其管顶离地面不宜小于0.3 m。

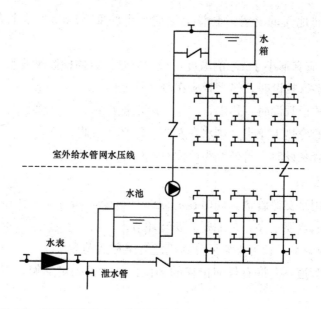

图 4-6 低压直接给水，高区设贮水池、水泵、水箱的给水方式

2)每条引入管上均应装设水表和阀门，必要时还要有泄水装置。

3)引入管应有≥3‰的坡度，坡向室外给水管网。

4)引入管或其他管道穿过基础或承重墙时，要预留洞口，管顶和洞口间的净距一般不小于 0.15 m。

5)给水引入管与排水排出管的水平净距不小于 1.0 m。室内给水与排水管平行敷设时，两管间的最小水平净距为 0.5 m；交叉敷设时，最小垂直净距为 0.15 m。给水管应敷设在排水管上面，若给水管必须敷设在排水管的下面时，给水管应加设套管，其长度不小于排水管管径的 3 倍。

6)引入管及其他管道穿越地下室或地下构筑物外墙时应采取防水措施，根据情况采用柔性防水套管或刚性防水套管。

7)给水引入管在地沟内敷设时，应位于供热管道的下面或另一侧，在检修的地方应设活动盖板，并应留出检修的距离。

(2)干管和立管。

1)给水横管应有 2‰~5‰ 的坡度，坡向泄水装置，以便在试压、维修和冲洗时能排净管道内的余水。

2)给水立管和装有 3 个或 3 个以上配水点的支管，均应在始端装设阀门和活接头。

3)与其他管道同地沟或共支架敷设时，给水管应在热水管、蒸汽管的下面，在冷水管或排水管的上面；给水管不要与输送有毒有害介质、易燃介质管道同沟敷设。

4)立管上管件预留口位置，一般应根据卫生器具的安装高度或施工图纸上注明的标高确定，立管一般在底层高出地面 500 mm 以上装设阀门。

5)明装立管在沿墙角敷设时，不宜穿过污水池，并不得靠近小便槽位置，以防腐蚀。

6)立管穿楼板时应加设钢套管，套管地面与楼板齐平，套管上沿一般高出楼板 20 mm；

安装在厨房和卫生间地面的套管,套管上沿应高出底面 50 mm,立管的接口不能置于楼板内。

(3)支管。支管应有不小于 2‰的坡度,坡向立管,以便检修时放水。

1)冷、热水管平行敷设时,热水管应在冷水管上面。

2)冷、热水管并行敷设时,热水管在左,冷水管在右。

3)卫生器具上的冷热水龙头,热水在左侧,冷水在右侧。

4)支管明装沿墙敷设时,管外壁距墙面有 20~30 mm 的距离。

2. 管道支架的安装

管道支架的作用是支撑管道,同时还有限制管道变形和位移的作用。管道支架的制作与安装是管道安装的首要工序,是重要的安装环节。

(1)管道支架的分类。管道支架可分为固定支架和活动支架。

1)固定支架:管道不允许有任何位移的部位,应设置固定支架,固定支架要牢固地固定在可靠的结构上。

2)活动支架:活动支架是支撑的管道在上面能滑动的支架,活动支架可分为滑动支架、导向支架、滚动支架、吊架、管卡和脱钩。

(2)管道支架的安装方法。管道支架常用安装方法有栽埋法、预埋焊接法、膨胀螺栓法、射钉法和抱柱法。

3. 室内给水管道的敷设

室内给水管道的敷设,根据建筑对卫生、美观方面要求的不同,分为明装和暗装两类。

(1)明装:管道在室内沿墙、梁、柱、天花板及地板上暴露敷设。管道明装造价低,施工安装、维护修理均较方便。

(2)暗装:管道敷设在地下室天花板或吊顶中,或在管井、管槽及管沟中隐蔽敷设。暗装的缺点是造价高,施工、维护均不方便。

4. 室内给水管道安装

室内给水管道安装的一般顺序是:引入管→干管→立管→支管。安装的原则为:先地下后地上,先大管后小管,先主管后支管。管道安装时若遇到管道交叉,应小管让大管,支管让主管,给水管让排水管,冷水管让热水管,阀件少的管道让阀件多的管道。

(1)引入管安装。引入管的位置及埋深应满足设计要求。引入管进入建筑物有两种情况:一种是从建筑物的浅基础下通过,另一种是穿越承重墙或基础,如图 4-7 所示。

引入管敷设时,应尽量与建筑物外墙轴线相垂直,这样穿过基础或外墙的管段最短。在穿过建筑物基础时,应预留孔洞或预埋套管。预留孔洞的尺寸或钢套管的直径应比引入管直径大 100~200 mm。

(2)干管安装。安装干管时,首先应按照设计要求确定管道位置、标高、管径、坡度等。

管道应在预制后、安装前按设计要求做好防腐处理,检查并贯通各预留孔洞,总进水口端头应封闭堵严以备试压用。如进行埋地干管安装,需开挖管沟至设计要求。

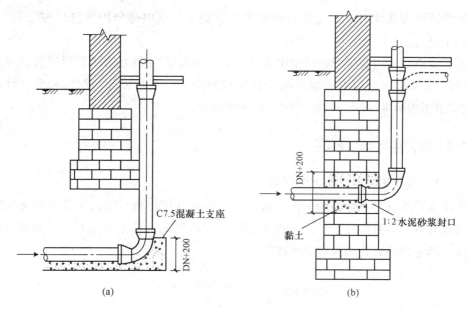

图 4-7 引入管进入建筑

(a)从浅基础下通过；(b)穿基础

(3)立管安装。给水立管用管卡安装，层高小于或等于 5 m，每层须安装 1 个；层高大于 5 m，每层不得少于 2 个。管卡安装高度，距地面为 1.5~1.8 m，2 个以上管卡可匀称安装。立管穿楼板应加钢制套管（也可用钢管制作），套管直径应大于立管 1~2 号，套管可采取预留或现场打洞安装，安装时，套管底部应与楼板底部平齐，顶部高出楼板地面 10~20 mm，立管的接口，不允许设在套管处，以免维修困难。

5. 管道的防护和水压试验

(1)管道防腐、防冻结、防结露。为防止金属管道锈蚀，在敷设前应进行防腐处理。管道防腐包括表面清理和喷刷涂料。

1)表面清理分为除油、除锈和酸洗。施工中可以根据具体情况选择合理的处理方法。

2)喷刷涂料分为底漆和面漆。例如，室内给水钢管明装金属管道表面除锈后，刷红丹防锈漆两道，然后刷银粉漆等面漆 1~2 道，如管道需要做标志时，可再刷调和漆或铅油；暗装管道除锈后，刷防锈漆两道；埋地管道除锈后刷冷底子油两道；再刷沥青玛瑞脂两遍。

给水管道敷设部位如果气温可能低于零度，应采取防冻措施；给水管道如果明装敷设在吊顶或建筑物其他部位，当气候炎热、湿度较大时肯定会结露，应采取防结露措施。防冻、防结露的方法是对管道进行绝热，绝热由绝热层和保护层组成。

(2)水压试验。给水管道安装完成确认无误后，必须进行系统的水压试验。室内给水管道试验压力为工作压力的 1.5 倍，但不得小于 0.6 MPa。

(3)管道冲洗消毒。

1)生活给水系统管道试压合格后，应将管道系统内存水放空。在交付使用前必须对管道进行冲洗和消毒。

2)冲洗顺序应先室外,后室内;先地下,后地上;室内部分的冲洗应按干管、立管、支管的顺序进行。

饮用水管道在使用前应用每升水中含 20~30 mg 游离氯的水灌满管道进行消毒,水在管道中停留 24 h 以上。消毒完成后再用饮用水冲洗,并经有关部门取样检验,符合国家《生活饮用水卫生标准》(GB 5749—2006)后方可使用。

4.1.3 室内生活排水系统

4.1.3.1 室内生活排水系统的组成

室内排水系统就是把室内的生活污水、工业废水和屋面雨、雪水等及时畅通无阻地排至室外排水管网。一般情况下,室内排水系统由卫生器具、排水管道系统、清通设备、通气管系统、污水局部处理构筑物等组成(图 4-8)。

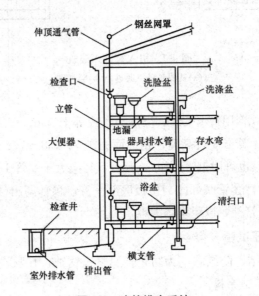

图 4-8 建筑排水系统

1. 卫生器具

卫生器具是建筑排水系统的起点,接纳各种污水后经过存水弯和器具排水管流入横支管,是用来满足日常生活和生产过程中各种卫生要求,收集和排除污废水的设备。

卫生器具主要包括:便溺器具(如大便器、小便器);盥洗、沐浴器具(如洗脸盆、盥洗槽、浴盆、沐浴器);洗涤器具(如洗涤盆、化验盆、污水盆);地漏。

2. 排水管道

排水管道包括排水立管,是排水横管、排水支管、埋地干管和排出管。排水支管是将卫生器具产生的污水送入排水横管。排水横管是水平连接各排水支管的排水管,一般设置在楼板以下,悬吊敷设。排水立管是连接各楼层排水横管的垂直排水管。立管上每两层设置一个检查口。

3. 清通设备

清通设备包括检查口、清扫口、检查井及带有清通门的90°弯头或三通接头的设备。检查口设在排水立管上，清扫口设在排水横支管的起端。其作用是疏通建筑内部排水管道，保障排水通畅。

常用的清通设备有清扫口、检查口和检查井等。检查井一般设置在建筑物室外。

地面清扫口一般设置在排水管道的起点，当排水管起点设有地漏时，可不设地面清扫口。

4. 通气管道

由于建筑内部排水管是气水两相流，为防止因气压波动造成的水封破坏，使有毒有害气体进入室内，需设置通气系统。

通气装置通常由通气管、透气帽等组成。一般建筑物内只设普通通气管，即排水立管向上延伸伸出建筑屋面。透气帽设置在通气管顶端，防止杂物落入管中。

5. 污水局部处理构筑物

当建筑内部污水未经处理不允许直接排入市政排水管网或水体时，须设污水局部处理构筑物，包括隔油井、化粪池、沉砂池和降温池等。

4.1.3.2　室内排水系统管道安装

1. 排水管道安装的一般规定

(1)隐蔽或埋地的排水管道在隐蔽前必须进行灌水试验。

(2)生活污水管道的坡度必须符合设计要求。

(3)排水塑料管必须按设计要求及位置装设伸缩节。如设计无要求时，伸缩节间距不得大于4 m。高层建筑中明设排水塑料管道应按设计要求设置阻火圈或防火套管。

(4)排水主立管及水平干管管道均应做通球试验，通球球径不应小于排水管道直径的2/3，通球率达到100%。

(5)在生活污水管道上设置的检查口或清扫口，当设计无要求时，应符合下列规定：

1)通气管应高出屋面300 mm，且必须大于最大积雪厚度。

2)在通气管出口4 m以内有门窗时，通气管应高出门窗顶600 mm或引向无门窗一侧。

3)在经常有人停留的平屋顶上，通气管应高出屋面2 m，并应根据防雷要求设置防雷装置。

2. 室内排水管道的敷设

室内排水管道一般应在地下埋设，或在楼板上沿墙、柱明设，或吊设于楼板下。当建筑或工艺有特殊要求时，排水管道可在管槽、管井、管沟及吊顶内暗设。为便于检修，必须在立管检查口设检修门，管井应每层设检修门与平台。

3. 室内排水管道安装

室内排水管道安装顺序：排出管安装→底层排水横管安装→底层器具排水管安装→底层隐蔽排水管道灌水试验→排水立管安装→各楼层排水横管安装→通球试验→灌水试验。

1)排水管安装。排水管的安装宜采取排水管预埋或预留孔洞方式。当土建砌筑基础时,将排水管按设计坡度,承口朝排水方向敷设,安装时一般按标准坡度,坡向检查井。不能小于最小坡度。

2)排水管的埋深。在素土夯实的地面,应满足排水混凝土管管顶至地面的最小覆土厚度0.7 m。

3)排水立管安装。

①排水立管在施工前应检查楼板预留孔洞的位置和大小是否正确,未预留或预留位置不对,应重新打洞。

②排水立管安装宜采取预制组装法,即先实测建筑物层高,以确定立管加工长度,然后进行立管上管件预制,最后分楼层由下而上组装。

③排水立管每两层设置一个检查口,在最底层和有卫生器具的最高层必须设置。

4)排水支管(横管)安装。

①立管安装后,应按卫生器具的位置和管道规定的坡度敷设排水支管。

②测线要依据卫生器具、地漏、清通设备和立管的平面位置。

③在实测和计算卫生器具排水管的建筑材料高度时,必须准确地掌握土建实际的各楼层地坪线和楼板实际厚度,根据卫生器具的实际构造尺寸和国标大样图准确在确定其建筑尺寸。

④排水支管连接时要算好坡度,接口要直,排水支管组装完毕后,应靠墙或贴地坪放置,不得绊动,接口湿养护时间不少于48 h。

⑤伸出楼板的卫生器具排水管,应进行有效的临时封堵,以防施工中杂物落入堵塞管道。

5)排水管道安装。埋地铺设的排水管道宜分两段施工。第一段先做±0.000以下的室内部分,至伸出外墙为止。待土建施工结束后,再铺设第二段,从外墙接入检查井。排水管穿墙,基础预留孔洞尺寸符合要求。

6)立管的安装。

①按设计要求设置伸缩节,伸缩节安装时,应注意将管插口要平直插入伸缩节承口橡胶圈中,用力应均衡,不可摇挤,避免顶歪橡胶圈造成漏水。安装完毕后,即可将立管固定。

②立管穿楼板预留孔洞或打洞尺寸符合设计要求,立管穿越楼板比较容易漏水,若立管穿越楼板是非固定的,应在楼板中埋设钢制防水套管,套管高于地平面10~15 mm,套管与立管之间的缝隙用油麻或沥青玛琋脂填实。

③立管上的伸缩节应设置在靠近支管处,使支管在立管连接处位移几乎等于零。

④伸顶通气管穿屋面应作防水处理。

4. 通球试验

室内排水立管或干管在安装结束后,需用直径不小于管径2/3的橡胶球、铁球或木球进行管道通球试验。

通球试验具体操作要求如下:

(1)立管进行通球试验时,为了防止球滞留在管道内,必须用线贯穿并系牢(线长略大于立管总高度),然后将球从伸出屋面的通气口向下投入,看球能否顺利地通过主管并从出户弯头处溜出，如能顺利通过，说明主管无堵塞。

（2）干管进行通球试验时，从干管起始端投入塑料小球，并向干管内通水，在户外的第一个检查井处观察，发现小球流出为合格。

5. 灌水试验

排水管道灌水试验是根据不同的管径，对管道两端进行封堵处理后，注入水静泡 72 h 后进行试验。

试验要求：隐蔽或埋地的排水管道在隐蔽前必须做灌水试验，其灌水高度应不低于底层卫生器具的上边缘或底层地面高度。灌水方法（过程）是：满水 15 min，待水面下降后，再灌满观察 5 min，液面不下降，检查管道及接口无渗漏为合格。

4.2 给水排水常用管材、卫生器具、水箱、水泵

4.2.1 建筑给水管材

室内给水管材常用的有塑料管、复合管、无缝钢管、不锈钢管等。给水管道的材料应根据水质要求和建筑物的性质选用。

(1)塑料管。塑料管有热塑性塑料管和热固性塑料管两大类。

我国适用于室内给水的塑料管有：硬聚氯乙烯管（UPVC）、无规共聚聚丙烯管（PPR）、聚乙烯管（PE）、聚丙烯管（PP）、交联聚乙烯管（PEX）、聚丁烯（PB）管、氯化聚氯乙烯（PVC-C）管、丙烯腈-丁二烯-苯乙烯共聚物（ABS）管等。对于冷水给水系统，市场上常用的有 UPVC、PPR、PEX 等。对于热水给水系统，常用的有高密度聚乙烯（HDPE）、PB、ABS、PPR、PEX、CPVC。

(2)复合管。复合管是金属与塑料复合型管材，由工作层、支撑层、保护层组成。常用的复合管有铝塑复合管、钢塑复合管和钢骨架塑料复合管。

1)铝塑复合管。铝塑复合管由内而外依次为塑料、热熔胶、铝合金、热熔胶、塑料。铝塑管中间层采用焊接铝管，外层和内层采用中密度或高密度聚乙烯或交联高密度聚乙烯，经热熔胶黏合复合而成。铝塑复合管具有聚乙烯塑料管耐腐蚀性好和金属管耐压性能强的优点，适用于新建、改建和扩建的工业与民用建筑中冷、热水供应管道。铝塑管不得用于消防供水系统及生活消防合用的供水系统。

2)钢塑复合管。钢塑复合管一般用螺纹连接。适用于室内外给水的冷、热水管道和消防管道、天然气、煤气输送管道等。

(3)无缝钢管。无缝钢管常用普通碳素钢、优质碳素钢或低合金钢制造而成，其外观特征是纵、横向均无焊缝，无缝钢管常用于输送氧气、乙炔、室外供热管道和高压水管线。

按制造方法，无缝钢管可分为热轧和冷轧两种。其规格以"外径×壁厚"表示，例如 $D108 \times 4$ 表示外径为 108 mm，壁厚为 4 mm。常用的管件有无缝冲压弯头及无缝异径管

两种。

无缝钢管采用焊接连接，一般不用螺纹连接。

(4)焊接钢管。焊接钢管又称有缝钢管，包括普通焊接钢管(水煤气管)、直缝卷制焊接钢管、螺旋焊接钢管等，材质采用普通碳素钢制造而成。

焊接钢管按管道壁厚不同分为一般焊接钢管和加厚焊接钢管。一般焊接钢管用于工作压力小于1 MPa的管路系统中，加厚焊接钢管用于工作压力小于1.6 MPa的管路系统中。

1)普通焊接钢管。普通焊接钢管又称水煤气管，可分为镀锌钢管(白铁管)和非镀锌钢管(黑铁管)。适用于生活给水、消防给水、采暖系统等工作压力低和要求不高的管道系统中。其规格用公称直径"DN"表示，如DN100，表示的是该管的公称直径为100 mm。

焊接钢管的连接方式有焊接、螺纹、法兰、沟槽连接。镀锌钢管应避免焊接。

2)螺旋焊接钢管。螺旋焊接钢管又称螺旋钢管，采用钢板卷制、焊接而成。其规格用外径"D"表示，常用规格为D219～D720。管材常用作工作压力小于1.6 MPa、介质温度不超过200 ℃的直径较大的远距离输送管道。

(5)不锈钢管。不锈钢管是以铁和碳为基础的铁碳合金，加入合金元素，其中主要是铬、镍两种，由特殊焊接工艺加工而成。薄壁不锈钢管安全卫生、美观适用、耐腐蚀性好、管壁较薄、造价较低，且强度高、坚固耐用、使用寿命长，已大量应用于建筑给水管道。

4.2.2 建筑排水管材

室内排水管材常见的有UPVC管、铸铁管和钢管等。

(1)UPVC管。UPVC管是一种以聚氯乙烯(PVC)树脂为原料，不含增塑剂的塑料管材。它具有耐腐蚀性和柔软性好的优点，因而特别适用于供水管网。其优点是质量轻、不结垢、不腐蚀、管壁光滑、容易切割、安装方便、投资低、节约金属；缺点是强度低、耐温性差、立管产生噪声、暴露于阳光下的管道易老化、防火性能差。UPVC管根据形式不同，可分为实壁塑料管、螺旋消声管、芯层发泡管、径向加筋管和双壁波纹管等。

(2)铸铁管。铸铁管是用铸铁浇铸成型的管子。铸铁管用于给水、排水和煤气输送管线，它包括铸铁直管和管件。按铸造方法不同分为连续铸铁管和离心铸铁管，其中离心铸铁管又分为砂型和金属型两种。按材质不同分为灰口铸铁管和球墨铸铁管。

(3)钢管。钢管主要用于洗脸盆、小便器、浴盆等卫生器具与横支管间的连接短管。

4.2.3 卫生器具的安装

卫生器具是室内排水系统的重要组成部分，是用来满足日常生活中各种卫生要求、收集和排除生活及生产中产生的污、废水的设备。卫生器具按其作用可以分为以下几类：

(1)便溺用卫生器具：用来收集和排除粪便污水，如大便器、小便器等。

(2)盥洗、沐浴用卫生器具：如洗脸盆、盥洗槽、浴盆、淋浴器、净身盆等。

(3)洗涤用卫生器具：如洗涤盆、污水盆等。

(4)其他类卫生器具：如医疗、科学研究实验室等特殊需要的卫生器具。

1. 卫生器具安装的基本技术要求

卫生器具的安装位置应正确，牢固，端正美观，严密不渗漏，便于拆卸，器具与支架或管子配件与器具的结合处应软接合，安装后应防污染与防堵塞。概括起来就是：平、稳、牢、准、不漏、使用方便、性能良好。

2. 便溺用卫生器具安装

(1)大便器。大便器主要有蹲式和坐式两种形式。

蹲式大便器冲洗方式可分高位水箱式、低位水箱式、延时冲洗阀式、冲洗阀加空气隔断器式。蹲便器主要是陶瓷制品，老式大便器式样陈旧，颜色单一，除一些公用建筑采用外，大多采用坐式大便器。蹲式大便器本身不带水封，需要另外安装铸铁或陶瓷存水弯，铸铁存水弯分为S形和P形，S形存水弯一般位于底层，P形存水弯用于楼间层。为了安装存水弯，大便器一般都安装在地面以上的平台。蹲式大便器多设于公共卫生间、医院、家庭等一般建筑物中。

(2)大便槽。大便槽因卫生条件差、冲洗耗水量大，目前多用于建筑标准不高的公共建筑或公共厕所。可供多人同时大便用的长条形沟槽，一般采用混凝土或钢筋混凝土浇筑，槽底有一定坡度。大便槽一般采用自动水箱定时冲洗，给水排水部分主要是安装冲洗水箱、冲洗水管、大便槽排水管。

(3)小便器。小便器多用于公共建筑的卫生间。现在有些家庭的卫浴间也装有小便器。按结构分为冲落式、虹吸式。按安装方式分为斗式、落地式、壁挂式。

(4)小便槽。小便槽多为用瓷砖沿墙砌筑的浅槽，其构造简单，占地小，成本低，可供多人使用。广泛用于工业企业、公共建筑、集体宿舍的男厕所中。

3. 盥洗、淋浴用卫生器具安装

(1)洗脸盆。洗脸盆一般安装在卫生间或浴室供洗脸洗手用。按形状的不同分为长方形、三角形、椭圆形等；按材料的不同分为陶瓷制品、不锈钢制品、玛瑙制品等；按安装方式分为墙架式、柱角式和角形等。

热冷水嘴安装时，按照冷水出口在右，热水出口在左；热水管道在上，冷水管道在下的原则进行。

(2)盥洗槽。盥洗槽一般安装在工厂、学校集体宿舍。盥洗槽一般用水磨石制成，在距离地面1m高处安装水龙头，水龙头间距一般为600~700 mm，槽内靠墙边设有泄水沟，沟的中部或端头装有排水口。

(3)浴盆。浴盆的种类及样式很多，常见的有长方形和方形两种。多用于住宅、宾馆、医院等卫生间内及公共浴室内。浴盆上配有冷热水管或混合龙头，其混合水经混合开关后流入浴盆，浴盆底有0.02的坡度，坡向排水口。有的浴盆还配有固定式或软管式活动淋浴莲蓬喷头。

4. 洗涤用卫生器具安装

(1)洗涤盆。洗涤盆一般安装在厨房或公共食堂内，供洗涤碗碟、蔬菜等食物用。洗涤盆上只装设冷水嘴时，应位于中心位置。若装设冷、热水嘴时，冷水嘴偏下，热水嘴偏上。

（2）污水盆。污水盆一般安装在厕所或盥洗室内，供打扫卫生及洗涤拖布和倒污水用。通常用水磨石或水泥砂浆抹面的钢筋混凝土制作。

（3）化验盆。化验盆一般安装在工厂、科研机关、学校化验室中。常用陶瓷材质，盆内已有水封，排水管上不需要装存水弯，也不需要盆架，用木螺栓固定在化验台上，其内出口配有橡胶塞头。

5. 排水栓、存水弯和地漏

排水栓是卫生器具排水口与存水弯间的连接件，多装于洗脸盆、浴盆、污水盆上，材质有铝制、铜制和尼龙制等，规格有 $DN40$ 和 $DN50$ 两种。

存水弯是在卫生器具内部或器具排水管段上设置的一种内有水封的配件。存水弯中会存有一定深度的水，可以将下水道下面的空气隔绝，防止臭气进入室内。存水弯有 S 形和 P 形两种，图 4-9 所示。

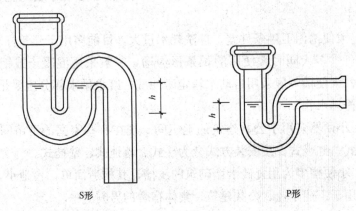

图 4-9 存水弯

地漏是连接排水管道系统与室内地面的重要接口。厕所、盥洗室、卫生间及其他房间需要从地面排水时，应设置地漏。地漏应设置在易溅水的器具附近及地面的最低处。地漏的主要功能包括防臭气、防堵塞、防虫、防病毒、防返水、防干涸等。地漏的顶面标高应低于地面 5～10 mm，地面应有不小于 1‰ 的坡度坡向地漏。

4.2.4 水泵、水箱、水表的安装

1. 水泵

水泵是输送液体或使液体增压的设备。它将原动机的机械能或其他外部能量传送给液体，使液体能量增加，主要用来输送液体（包括水、油、酸碱液、乳化液、悬乳液和液态金属等），也可输送液体、气体混合物以及含悬浮固体物的液体。

2. 水箱

水箱按材质分为玻璃钢水箱、不锈钢水箱、不锈钢内胆玻璃钢水箱、海水玻璃钢水箱、搪瓷水箱、镀锌钢板水箱六种，如图 4-10 所示。

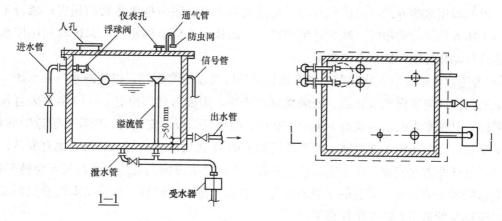

图 4-10 水箱

(1)进水管:水箱进水管一般从侧壁接入,也可以从底部或顶部接入。当水箱利用管网压力进水时,其进水管出口处应设浮球阀或液压阀。浮球阀一般不少于 2 个。浮球阀直径与进水管直径相同,每个浮球阀前应装有检修阀门。

(2)出水管:水箱出水管可从侧壁或底部接出。从侧壁接出的出水管内底或从底部接出时的出水管口顶面,应高出水箱底 150 mm。出水管口应设置闸阀。

(3)溢流管:水箱溢流管可从侧壁或底部接出,其管径按排泄水箱最大入流量确定,并宜比进水管大 1~2 号。溢流管口应高于设计最高水位 50 mm。

(4)泄水管:水箱泄水管应自底部最低处接出。消防和生活合用水箱上装有闸阀(不应装截止阀),可与溢流管相接,但不得与排水系统直接连接。泄水管管径在无特殊要求下,管径一般采用 $DN50$。

(5)通气管:供生活饮用水的水箱应设有密封箱盖,箱盖上应设有检修人孔和通气管。通气管可伸至室内或室外,但不得伸到有害气体的地方,管口应有防止灰尘、昆虫和蚊蝇进入的滤网,一般应将管口朝下设置。通气管上不得装设阀门、水封等妨碍通气的装置。通气管不得与排水系统和通风道连接。通气管一般采用 $DN50$ 的管径。

(6)液位计:一般应在水箱侧壁上安装玻璃液位计,用于就地指示水位。在一个液位计长度不够时,可上下安装 2 个或多个液位计。

(7)水箱盖、内外爬梯、人孔。为了便于清洗、检修,箱盖上应设置人孔和内外爬梯。

3. 水表

水表是用来计量和控制用户用水量的一种累积式仪表。

(1)流速式水表。按翼轮构造不同分为旋翼式和螺翼式。旋翼式阻力较大,多为小口径水表,宜用于测量小的流量;螺翼式阻力较小,多为大口径水表,宜用于测量较大的流量。

(2)电控自动流量计(TM卡智能水表)。TM卡智能水表内部置有微电脑测控系统,通过传感器检测水量,用 TM 卡传递水量数据,主要用来计量(定量)经自来水管道供给用户的饮用冷水,适于家庭使用。

这种水表的特点和优越性是:将传统的先用水,后结算交费的用水方式改变为先预付水费,后限额用水的方式,使供水部门可提前收回资金、减少拖欠水费的损失;减轻了供水部门工作人员的劳动强度;减少计量纠纷,还能提示人们节约用水,保护和利用好水资源;提高自动化程度,提高工作效率。

(3)普通水表的安装:水表前后和旁通管上均应装设检修阀门,以便断水拆装水表。水表与表后阀门间应装设泄水装置。安装螺翼式水表,表前与阀门应有8~10倍水表直径的直线管段,其他水表的前后应有不小于300 mm的直线管段。安装时,应除去管道的麻丝、矿石等杂物,以防止滤水网堵塞。度盘或铭牌上的H代表水平安装,V代表垂直安装,无符号表示可任意方向安装。水表安装应让其表壳上的箭头方向与管道内水的流向保持一致,并与管道同轴安装。水平安装的水表的度盘一般朝上而不得倾斜。水表在垂直或倾斜安装时,叶轮轴与管道中心线必须保持平行。

4.3 室内消防给水系统

室内消防给水系统包括消火栓给水系统和自动喷水灭火系统。

4.3.1 室内消火栓给水系统

室内消火栓给水系统是最基本的消防给水系统,它是将室外给水系统提供的水输送到设在建筑物内的消火栓设备,由灭火人员来扑灭火灾。

1. 室内消火栓给水系统的种类

(1)由室外给水管网直接供水的消防给水方式。这种方式适用于室外给水管网提供的水量和水压,在任何时候均能满足室内消火栓给水系统所需的水量、水压要求时采用。

(2)设水箱的消火栓给水方式。由室外给水管网向水箱供水,箱内储存10 min消防用水量。火灾初期由水箱向消火栓给水系统供水;火灾延续可由室外消防车通过水泵接合器向消火栓给水系统加压供水。

这种方式适用于外网水压变化较大的建筑。

(3)设水箱、水泵的消火栓给水方式。这种方法适用于室外给水管网的水压不能满足室内消火栓给水系统所需水压和水量,火灾发生时先由水箱供水灭火的建筑。为保证使用消火栓灭火时有足够的消防水量而设置水箱贮备10 min室内消防用水量。

(4)设水池、水泵的消火栓给水方式。水泵从贮水池抽水,与室外给水管网间接连接,可避免水泵与室外给水管网直接连接的弊端。当外网压力足够大时,也可由外网直接供水。

这种方式适用于室外给水管网的水压经常不能满足室内供水所需的建筑。

(5)设水泵、水池、水箱的消火栓给水方式。室外给水管网供水至贮水池,由水泵从水池吸水送至水箱,箱内储存10 min消防用水量。火灾初期由水箱向消火栓给水系统供水;火灾延续水泵从水池吸水,由水泵供水灭火。

(6)分区供水方式。室外给水管网向低区和高位水箱供水,箱内储存 10 min 消防水量。高区火灾初起时,由水箱向高区消火栓给水系统水;当水泵启动后,由水泵向高区消火栓给水系统供水灭火。低区灭火,水量、水压由外网保证。

2. 室内消火栓给水系统的组成

(1)消火栓设备。消火栓设备由水枪、水带、消火栓、消防卷盘等组成,均安装在消火栓箱内,如图 4-11 所示。

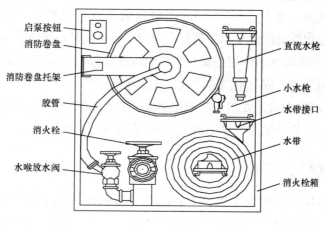

图 4-11 消火栓箱

消火栓箱体内配件安装应该在交工前进行。消防水龙带应折好放在挂架上,或卷实、盘紧放在箱内。消防水箱要竖放在箱体内。电控按钮应与电气专业配合施工。

1)消防水枪。消防水枪是将消防水带内的水流转化成高速水流,直接喷射到火场,以达到灭火、冷却的目的。室内消火栓水枪均为直流水枪。消防水枪多由铸造铝合金、铸压铝合金或铸造合金制造而成。

消防水枪是灭火的射水工具,其与水带连接,会喷射密集充实的水流。具有射程远、水量大等优点。

2)消防水带。消防水带可分为有衬里消防水带和无衬里消防水带两种,且水枪喷嘴口径应与水带接口相配套。

3)消火栓。消火栓是一个带内口接头的阀门,一端连接消防管道,另一端与水带连接。为了便于维护管理,同一建筑物内应采用统一规格的水枪、水带和消火栓。消火栓直径规格有 50 mm 和 65 mm 两种。

4)消火栓箱。消火栓箱是将消火栓、水龙带、消防水枪及电气设备集装于一体的箱状固定式消防装置。它可以明装、暗装、半暗装于建筑物内。

(2)水泵接合器。当发生火灾时,消防车的水泵可迅速方便地通过该接合器的接口与建筑物内的消防设备相连接,并送水加压,从而使室内的消防设备得到充足的压力水源,用以扑灭不同楼层的火灾,有效地解决了建筑物发生火灾后,消防车灭火困难或因室内的消防设备得不到充足的压力水源而无法灭火的情况。即水泵接合器的作用是连接消防车向室内消防给水系统加压供水。

(3)消防管道。消防管道是指用于消防方面，连接消防设备、器材，输送消防灭火用水、气体或者其他介质的管道材料。

由于特殊需求，消防管道的厚度与材质都有特殊要求，并喷红色油漆，输送消防用水。

消防管道常处于静止状态，也因此对管道要求较为严格，管道需要耐压力、耐腐蚀、耐高温性能好。

消防给水管道包括进水管、水平管和消防竖管等。室内消防管道一般采用镀锌钢管、焊接钢管。消防管道的直径不应小于 50 mm。建筑物内消防管道是否与其他给水系统合并或独立设置，应根据建筑物的性质和使用要求经技术经济比较后确定。

(4)消防水池。消防水池的作用是储水和供消防水泵吸水，一般可设于室外地下或地面上，也可设于室内地下室，或与室内游泳池、水景水池并用。

(5)消防水箱。消防水箱主要用于扑救初期火灾，水箱的安装高度应满足室内最不利点消火栓所需水压要求，且能储存可供室内 10 min 的消防用水量。

4.3.2 自动喷水灭火系统

自动喷水灭火系统是一种发生火灾时，能自动喷水灭火，同时发出火警信号的系统。该系统多设于火灾危险性较大，起火蔓延很快的场所，以及对消防要求较高的建筑物或个别房间。自动喷水灭火系统扑灭初期火灾效果很好。

1. 自动喷水灭火系统的种类

自动喷水灭火系统根据系统中所使用的喷头形式的不同，分为闭式自动喷水灭火系统和开式自动喷水灭火系统

(1)闭式自动喷水灭火系统。闭式自动喷水灭火系统采用闭式喷头，它是一种常闭喷头，喷头的感温、闭锁装置只有在预定的温度环境下，才会脱落，开启喷头。在发生火灾时，这种喷水灭火系统只有处于火焰之中或邻近火源的喷头下才会开启灭火。

闭式自动喷水灭火系统包括湿式自动喷水灭火系统、干式自动喷水灭火系统、干湿式自动喷水灭火系统、预作用自动喷水灭火系统。

1)湿式自动喷水灭火系统：该系统管网中充满有压水，当建筑物发生火灾，火点温度达到开启闭式喷头时，喷头出水灭火。该系统使用最早、应用最广泛，灭火速度快、控火率较高，系统简单，适用于室内温度为 4 ℃~70 ℃ 的建筑物、构筑物。

2)干式自动喷水灭火系统：该系统管网中平时不充水，当建筑发生火灾，火点温度达到开启闭式喷头时，喷头开启、排气、充水、灭火。该系统灭火时需先排气，故喷头出水不如湿式系统及时。但管网中平时不充水，对建筑物装饰无影响，对环境温度也无要求，适用于采暖期长而建筑物内无采暖的场所。

3)干湿式自动喷水灭火系统：干湿式自动喷水灭火系统具有干式和湿式自动喷水灭火系统二者的性能，采用干湿报警阀，寒冷季节为干式，温暖季节为湿式。

4)预作用自动喷水灭火系统：该系统管网中平时不充水，发生火灾时，火灾探测器报警后，自动控制系统控制阀门排气、充水，由干式变成湿式系统，只有当着火点温度达到

开启闭式喷头时，才开始喷水灭火。该系统用于对建筑装饰要求高，灭火要求及时的建筑物。

(2)开式自动喷水灭火系统。开式自动喷水灭火系统采用的是开式喷头，平时报警阀处于关闭状态，管网中没有水，系统为敞开状态，当发生火灾时，报警阀开启，管网充水，火灾所处的系统保护区域内的所有开式喷头一起出水灭火。

开式自动喷水灭火系统包括雨淋灭火系统、水幕系统、水喷雾灭火系统等。

1)雨淋灭火系统：当建筑物发生火灾时，该系统中自动控制装置打开集中控制闸门，使整个保护区域所有喷头喷水灭火。该系统具有出水量大、灭火及时的优点，适用于火灾蔓延快、危险性大的建筑或部位。

2)水幕系统：该系统不直接用于扑灭火灾，喷头沿线状布置，发生火灾时主要起阻火、冷却、隔离作用。其适用于需防火隔离的开口部位，如舞台与观众之间的隔离水幕、消防防火帘等。

3)水喷雾灭火系统：该系统用喷雾喷头把水粉碎成细小的水雾滴之后，喷射到正在燃烧的物质表面，通过表面冷却、窒息及乳化、稀释的同时作用实现灭火。

2. 自动喷水灭火系统的组成

(1)喷头。在自动喷水灭火系统中，喷头承担着探测火灾、启动系统和喷水灭火的任务，它是系统中的关键组件。喷头分为闭式和开式两种。

1)闭式喷头。闭式喷头是一种集喷水灭火功能和探测火灾功能于一体的元件。喷头喷口由热敏元件组成的释放机构封闭，当达到一定温度时能自动开启，如玻璃球爆炸、易熔金属脱离。其构造按溅水盘的形式和安装位置分为直立式、下垂式、边墙型、普通型、吊顶型和干式下垂型洒水喷头。闭式喷头用于可用水扑救的大部分场所。

2)开式喷头。开式喷头的喷口是敞开的，管路中是自由空气，具有喷水灭火功能，无探测功能。它根据用途分为开启式、水幕式和喷雾式。开式喷头用于失火时容易引起猛烈燃烧或火灾能迅速水平蔓延，以及室内净空高度较大的场所。

(2)报警阀。报警阀是自动喷水灭火系统中接通或切断水源，并启动报警器的装置。其作用是：接通或切断水源、输出报警信号和防止水流倒回供水源，以及通过报警阀可对系统的供水装置和报警装置进行检验。

报警阀根据系统不同分为干式报警阀、湿式报警阀、干湿式报警阀和雨淋阀。

(3)水流报警装置。水流报警装置是用来发出声响报警信号的装置。其包括水力警铃、水流指示器和压力开关。

(4)延迟器。延迟器是一个罐式容器，安装在报警阀和水力警铃之间。其作用是防止由于水压波动引起报警阀开启而导致的误报。

(5)火灾探测器。常用的火灾探测器有感温探测器、感烟探测器。其布置在房间或走道的天花板面，数量应根据探测器的保护面积和探测区面积而定。感温探测器通过火灾引起的升温进行探测。感烟探测器利用火灾发生地点的烟雾浓度进行探测。

(6)末端试水装置。末端试水装置安装在系统管网的末端。打开其排水阀门相当于一个喷头喷水，可检查水流指示器和报警阀是否工作正常。

4.4 建筑给水排水工程施工图的识读

4.4.1 给水排水工程施工图的组成与内容

建筑给水排水工程施工图主要由首页、平面图、系统图及详图四个部分组成。

1. 首页

给水排水施工图首页的内容主要有设计说明、图例符号及小型工程图纸目录、主要设备材料明细表等。

2. 平面图

平面图表示建筑物各层给水排水管道与设备的平面布置,具体内容包括:

(1)用水房间的名称、编号、卫生器具或用水设备的类型与位置。

(2)给水引入管、污水排出管的位置、名称与管径。

(3)给水排水干管、立管、支管的位置、管径与立管编号。

(4)水表、阀门、清扫口等附件的位置。

给水排水平面图的比例一般与建筑平面图相同,采用1:200、1:100、1:50等。

3. 系统图

系统图也称轴测图或透视图,表示给水排水系统的空间位置及各层间、前后左右的关系。给水与排水系统分别绘制,在系统图上要标明立管编号、管段直径、管道标高、坡度等。其比例与平面图相同。

4. 详图

详图表示卫生器具、设备或节点的详细构造与安装尺寸和要求。如选用国家标准图集时,可不绘制详图,但要加以说明,给出标准图集号。

4.4.2 常见的给水排水施工图图例

常见的给水排水施工图图例见表4-1。

表4-1 常见给水排水施工图图例

名称	图例	备注
生活给水管	——— J ———	—
热水给水管	——— RJ ———	—

续表

名称	图例	备注
热水回水管	 ——— RH ———	—
保温管		—
伴热管		—
排水明沟	 坡向 →	—
排水暗沟	 坡向 →	—
立管检查口		—
清扫口	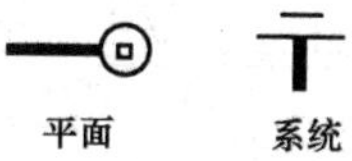 平面　系统	—
通气帽	 成品　蘑菇形	—
圆形地漏	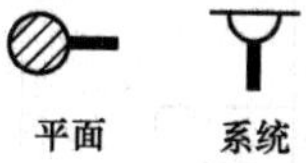 平面　系统	—
法兰连接	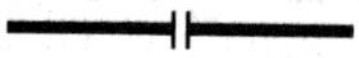	—
承插连接		—
活接头		—

· 113 ·

续表

名称	图例	备注
管堵		—
法兰堵盖		—
盲板		—
立式洗脸盆		—
台式洗脸盆		—
挂式洗脸盆		—
浴盆		—
化验盆、洗涤盆		—
污水池		—
壁挂式小便器		—
蹲式大便器		—
坐式大便器		—

4.4.3 给水排水施工图识读

阅读主要图纸之前,应先看设计说明和设备材料表,然后以系统为线索深入阅读平面图、系统图和详图。阅读时,应将三种图相互对照一起看。应先看系统图,对各系统做到大致了解。看给水系统图时,可由建筑的给水引入管开始,沿水流方向经干管、立管、支管到用水设备;再看排水系统图。

练习题

一、单选题

1. 在室内排水系统中,排水立管安装后应进行( )。
   A. 通球试验　　　　　　　　　B. 水压试验
   C. 化学清洗　　　　　　　　　D. 高水压清洗
2. 排水栓是卫生器具排水口与( )间的连接件。
   A. 排水横支管　　　　　　　　B. 存水弯
   C. 排水立管　　　　　　　　　D. 地漏
3. 在建筑给水排水施工图中,( )能表明管道空间走向。
   A. 平面图　　　　　　　　　　B. 系统图
   C. 详图　　　　　　　　　　　D. 设计说明
4. ( )适用于外网水质、水量、水压均能满足建筑内部用水要求的场合。
   A. 直接给水方式　　　　　　　B. 单设水箱的给水方式
   C. 设贮水池、水泵、水箱的给水方式　D. 竖向分区给水方式
5. ( )可以将下水道下面的空气隔绝,防止臭气进入室内。
   A. 存水弯　　　　　　　　　　B. 排水栓
   C. 地漏　　　　　　　　　　　D. 通气帽

二、填空题

1. 建筑给水排水系统可以分为_____和_____。
2. _____是室外给水管网与室内管网之间的联络管段,也称进户管。
3. 常用的复合管有_____和_____两种。
4. 室内消防给水系统包括_____和_____。
5. _____存水弯用于楼间层。
6. ⌐╗ ╔¬ 表示的是_____。
7. ↑ ⊗ 表示的是_____。
8. ⊘ ▽ 表示的是_____。

9. ———→——— 表示的是_____。
10. _____是防止由于水压波动原因引起报警阀开启而导致的误报。

三、问答题

1. 给水管道安装完毕后,应进行哪些工作?
2. 排水管道安装完毕后,应进行哪些工作?
3. 写出室内给水系统的给水方式。
4. 排水通气管安装的高度要求是什么?

模块 5　通风空调系统安装工艺与识图

知识目标

1. 掌握通风、空调系统的分类与组成。
2. 掌握识读通风空调施工图的方法。
3. 掌握常用的通风空调系统的形式。
4. 熟悉通风空调系统安装工艺。
5. 了解通风空调系统常用的管材、设备的性能。

通风空调系统安装
工艺与识图

能力目标

通过本模块的学习能够看懂不同建筑的通风空调施工图。

5.1　通风系统的分类与组成

5.1.1　通风系统的分类

为实现排风或送风,所采取的一系列设备、装置的总体称为通风系统。

通风系统的任务是将室内的污浊空气或废气经过消毒之后排至室外;再把室外的新鲜空气经过净化处理之后送到室内,以保持室内的空气清洁、新鲜。

通风包括排风和送风。排风是排除室内污浊的空气,送风(进风)是向室内补充新鲜的空气。

1. 按通风系统的动力分类

(1)自然通风。自然通风是依靠室内外空气密度差所造成的热压和室外风力造成的风压来实现换气的通风方法。如图 5-1 所示为利用热压进行的自然通风,由于房间内空气温度高、密度小,因此产生了一种上升力,使得房间内空气上升后从上部窗排出,室外冷空气从房间下边门窗空洞或缝隙进入室内。图 5-2 所示为利用风压进行的自然通风,气流由建筑物迎风面的门窗进入房间内,同时把房间内的空气从背风面的门窗压出去,因此,在房间内形成了一种由风力引起的自然通风。

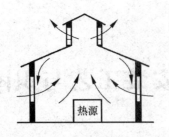
图 5-1　热压作用下的自然通风

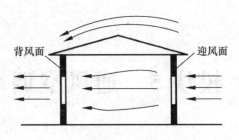
图 5-2　风压作用下的自然通风

影响自然通风的因素很多，如室内外空气的温度，室外空气的流速和流向，车间的门、窗、孔、洞以及缝隙的大小及位置等，其风量是变化的，所以要根据具体情况不断调节进、排风口的开启度来满足需要。

自然通风的特点是投资小、经济效益好，但是作用小、适用范围小，主要用于工业热车间。由于自然界风向的不确定性，一般在设计时不考虑风压作用下的自然通风。

(2)机械通风。机械通风是利用通风机产生的动力进行换气的方式。其主要特点是系统的风量和压力稳定，不随自然环境的变化而变化，作用范围大，调节方便；缺点是消耗动力，投资大。机械通风是进行有组织通风的主要技术手段，如图 5-3 所示。

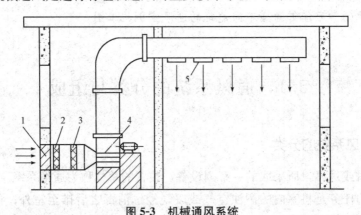
图 5-3　机械通风系统
1—百叶窗；2—空气过滤器；3—空气换热器；4—风机；5—送风口

2. 按通风系统的作用分类

(1)全面通风。全面通风是在房间内全面进行通风换气，目的在于稀释房间空气中的污染物和提供房间需要的热量。其特点是作用范围广、风量大、投资和运行费用高。

全面通风可以利用机械通风来实现，也可用自然通风来实现。全面通风可分为全面排风和全面送风。

(2)局部通风。局部通风可分为局部排风和局部送风。局部排风是将有害物就地捕捉、净化后排放至室外。而局部送风则是将经过处理的符合要求的空气送到局部工作地点，以保证局部区域的空气条件。

局部通风的特点是控制有害物效果好、风量小、投资小、运行费用低。

3. 按通风系统的特征来划分

(1)送风。送风就是向房间内送入新鲜空气。它可以是全面的，也可以是局部的，如图 5-4 所示。

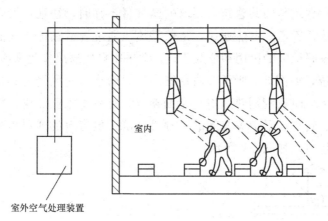

图 5-4　局部送风系统示意

(2)排风。排风就是将房间内的污浊空气经过处理，符合排放标准后排到室外。它既可以是局部的，也可以是全面的，如图 5-5 所示。

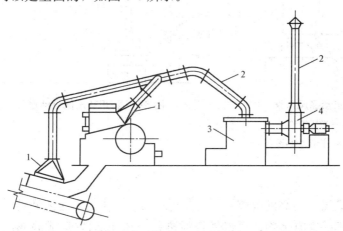

图 5-5　局部排风系统示意
1—排风罩；2—风管；3—净化设备；4—风机局部

在实际工程中，从技术经济角度出发，应优先考虑采用自然通风，当其不满足需要时采用机械通风；优先考虑采用局部通风，当其不能满足需要时采用全面通风。

在实际工程中，单独采用一种通风方式往往达不到需要的效果，通常是多种通风方法联合使用；如机械通风和自然通风的联合使用、全面通风和局部通风的联合使用；如在铸造车间，一般采用局部排风排除粉尘和有害气体，用全面的自然通风消除散发到整个车间的热量及部分有害气体，同时对个别的高温工作地点(如浇注、落砂)采用局部送风装置进行降温。

5.1.2 通风系统的组成

1. 自然通风

对于一般的民用建筑与公共建筑，要求的换气量不高时，往往仅设自然通风，室内空气补充依靠渗透解决。管道式自然通风，是依靠热压通过管道输送空气的一种有组织的自然通风方式。集中采暖地区的民用和公共建筑，常采用自然通风作为寒冷季节的排风措施，或做成热风采暖系统，如图 5-6 所示。该系统由排风管道、送风管道和加热设备组成。利用风压和热压以及无风时只利用热压进行全面换气，是一些工业厂房，特别是对产生大量余热的锻造、铸造、转炉、平炉等车间的一种最经济、最有效的通风措施，系统可由排气罩、排气管和风帽组成，如图 5-7 所示。

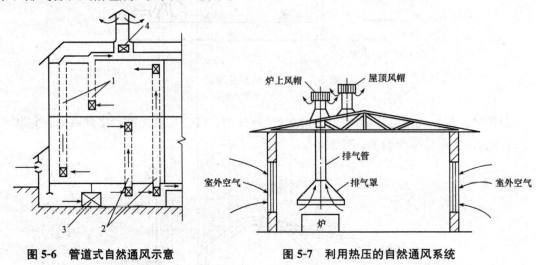

图 5-6　管道式自然通风示意
1—排风管道；2—送风管道；
3—进风加热设备；4—排风加热设备

图 5-7　利用热压的自然通风系统

2. 机械通风

(1)局部机械送风。局部机械送风是仅向房间局部工作地点送入新鲜空气或经过处理的空气(送出的气流不得含有害物，可以进行加热和冷却处理)，形成局部区域的空气环境的系统，如图 5-8 所示。气流应该从人体前侧上方倾斜地吹到头、颈和胸部，必要时可从上向下送风。分散式局部送风，一般采用轴流风扇或喷雾风扇。

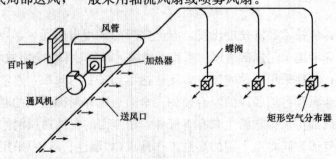

图 5-8　局部机械送风系统

(2) 局部机械排风。如图 5-9 所示,这种系统由局部排风罩、风管、空气净化设备、风机等主要设备组成。局部排风罩是一个重要部件,常用的有防尘密闭、通风柜、上部吸气罩、槽边排风罩等。通风管道用以输送空气。除尘器为空气净化设备,使含尘气体中粉尘与空气分离。风机为空气流动提供动力。风帽位于系统末端,将室内气体排至室外。

(3) 局部机械送、排风。局部机械送、排风是指采用既有送风又有排风的局部通风装置,在局部地点形成一道"风幕",以防止有害气体进入室内,如图 5-10 所示。这样既不影响工艺操作,又比单纯排风更为有效。

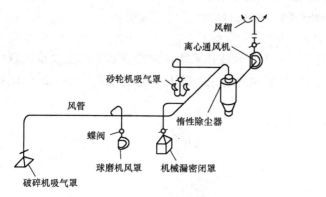

图 5-9 局部机械排风系统

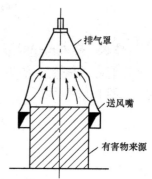

图 5-10 局部机械送、排风

(4) 全面机械送风。图 5-11 所示为全面机械送风系统,利用风机把室外的新鲜空气(必要时经过过滤或加热)送入室内,在室内造成正压,把室内污浊的空气排出,达到全面通风的效果。此种方式多用于不希望邻室或室外空气渗入室内,又希望进入的空气是经过简单处理的情况。进风口应设于室外空气较清洁的地点,设百叶窗以阻挡空气中的杂物,通常把过滤、加热设备、通风机集中设于一个专用房间内,称为通风室,空气经通风管由送风口送入室内。

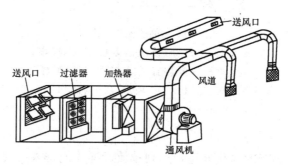

图 5-11 全面机械送风系统

(5) 全面机械排风。为了使室内产生的有害物质尽可能不扩散到其他区域或邻室去,可以在有害物质比较集中产生的区域或房间采用全面机械排风,如图 5-12 所示。机械排风造成一定的负压,可防止有害物质向卫生条件好的区域或邻室扩散。

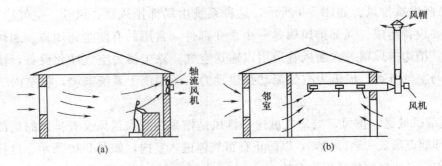

图 5-12 全面机械排风

(a)轴流风机；(b)离心式风机

(6)全面机械送、排风。一般情况下，一个车间往往采取全面送风系统和全面排风系统相结合的全面机械通风系统。例如，某木工车间的通风系统由全面机械送风和全面机械排风系统组成，如图 5-13 所示。

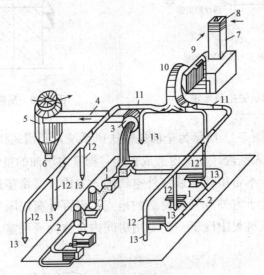

图 5-13 全面机械送、排风

1—排气口；2—排风管；3—排风机；4—总排风管；
5—除尘器；6—集尘箱；7—进风井；8—百叶窗；
9—进风室；10—送风机；11—风道；12—支管；13—送风口

3. 除尘与净化

含尘空气必须经过适当的净化处理，达到排放标准才能排入大气。除掉气流中粉尘状物质所用的设备称为除尘器。目前常用的除尘器有重力沉降室器、旋风除尘器、袋式除尘器、湿式除尘器、静电除尘器等。

(1)重力沉降室。重力沉降室是靠重力作用使尘粒从气流中分离的除尘装置，如图 5-14 所示。重力沉降室实际上就是一个比输送气体的管道尺寸增大了若干倍的除尘室，含尘气流进入沉降室后，由于过流断面面积突然增大，流动速度迅速下降，气流中的尘粒在重力作用下缓慢向灰斗沉降，净化后的空气由沉降室的另一端排出。重力沉降室结构简单，造价低，易于制造；阻力小且不受温度和压力的限制；可回收干灰，运行可靠，维修费用少。但除尘效率较低，占地面积大，不能分离微小粉尘，所以通风工程中

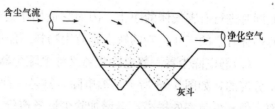

图 5-14　重力沉降室

应用较少。重力沉降室一般适用于要求不高的小型锅炉、化铁炉等产生热烟气的地方，也作为预除尘器使用。

(2) 旋风除尘器。旋风除尘器属于离心除尘器，其结构如图 5-15 所示。旋风除尘器由进气口、圆筒体、圆锥体、排气管、集灰斗等组成。含尘气流由切线进气口进入除尘器，沿外壁由上向下作螺旋形旋转运动，气流到达锥体底部后，转而沿轴心向上旋转，最后由排气管排出。气流作旋转运动时，尘粒在惯性离心力的推动下，被甩到外壳的内部表面。尘粒和外壳壁相碰撞后，失去原有的速度，沿壁面下滑落入灰斗。

(3) 袋式除尘器。袋式除尘器是使用滤料(纤维、织物、棉布等)做成滤袋，装在箱体内，对含尘气流进行过滤的除尘设备，其结构如图 5-16 所示。袋式除尘器在冶金、水泥、食品等工业部门得到了广泛应用。

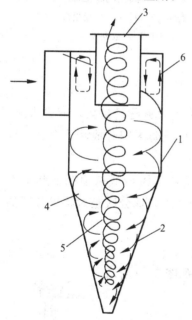

图 5-15　旋风除尘器

1—筒体；2—锥体；3—排出管；
4—外涡旋；5—内涡旋；6—上涡旋

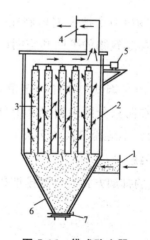

图 5-16　袋式除尘器

1—进气口；2—箱体；3—滤袋；4—净化气体出口；
5—振打装置；6—灰斗；7—插板

(4) 湿式除尘器。湿式除尘器是通过含尘气流与液滴或液膜的接触，使尘粒从气流中分离的除尘设备。常用的有喷淋塔、旋风水膜除尘器、泡沫塔及自激式除尘器等。图 5-17 所示为旋风水膜除尘器示意图。湿式除尘器结构简单，投资低，占地面积小，除尘效率高，

能同时进行有害气体的净化,因而它适用于处理高温、高湿的烟气,有爆炸危险或同时含有多种有害的气体。它的缺点是有用物料不能用干法回收,所排泥浆需要处理。

(5)静电除尘器。静电除尘器又称电除尘器,它是利用电场产生的静电力使尘粒从气流中分离的,如图5-18所示。静电除尘器是一种高效除尘设备,理论上可达到任何要求的效率,但随着效率的提高,会增加除尘设备造价。电除尘器压力损失很小,运行费用省。

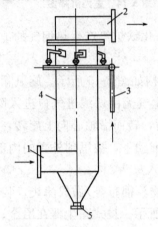
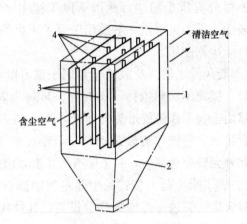

图 5-17 旋风水膜除尘器
1—进气口;2—出气口;3—给水管;
4—圆筒形壳体;5—排污口

图 5-18 板式电除尘器
1—壳体;2—回斗;3—集尘机;
4—电晕板(放电极)

5.1.3 高层建筑防排烟

高层建筑物内为了把火灾控制在一定范围之内,防止火灾蔓延扩大,减少火灾危害,在建筑设计中将建筑物的平面和空间以防火墙、耐火楼板及防火门分成若干个区,称为防火分区。

为了着火时将烟气控制在一定范围之内,用挡烟垂壁、隔墙或从顶棚下凸出不小于500 mm 的梁在防火分区内划分几个分区,称为防烟分区。防烟分区是对防火分区的细分化,即防烟分区不应跨越防火分区。

1. 排烟系统

高层建筑的排烟方式有自然排烟和机械排烟两种,如图5-19所示。

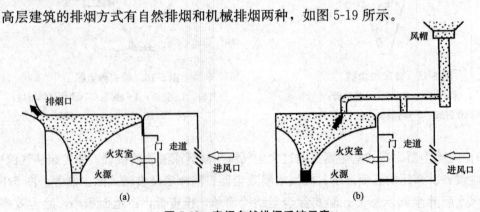

图 5-19 房间自然排烟系统示意

(1)自然排烟。自然排烟是指火灾时,利用室内热气流的浮力或室外风力的作用,将室内的烟气从与室外相邻的窗户、阳台、凹廊或专用排烟口排出。

(2)机械排烟。机械排烟是指使用排烟风机进行强制排烟。机械排烟可分为局部排烟和集中排烟两种。局部排烟方式是在每个房间内设置风机直接进行;集中排烟方式是将建筑物划分为若干个防烟分区,在每个区内设置排烟风机,通过风道排出各区内的烟气。

1)机械排烟系统。高层建筑在机械排烟的同时还要向房间内补充室外的新风,送风方式有以下两种:

①机械排烟、机械送风:利用设置在建筑最上层的排烟风机,通过设在防烟楼梯间、前室或消防电梯前室上部的排烟口及其相连的排烟井排至室外,或通过房间(或走道)上部的排烟口排至室外;由室外送风机通过竖井和设于前室(或走道)下部的送风口向前室(或走道)补充室外的新风。各层的排烟口及送风口的开启与排烟风机及室外送风机相连锁,如图 5-20 所示。

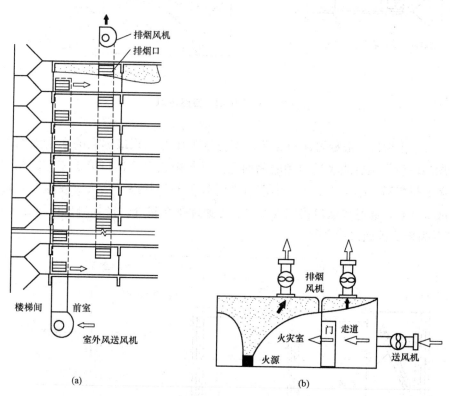

图 5-20 机械排烟、机械送风

②机械排烟、自然进风:排烟系统同上,但室外风口前室(或走道)的补充并不依靠风机,而是依靠排烟风机所造成的负压,通过自然进风竖井和进口风补充到前室(或走道)内,如图 5-21 所示。

2)机械排烟系统的组成。机械排烟系统一般包括防烟垂壁、排烟口、排烟道、排烟防火阀及排烟风机等。下面对机械排烟系统的主要组成进行介绍。

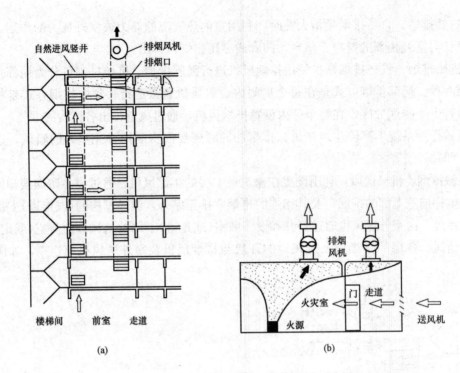

图 5-21　机械排烟、自然进风

①排烟口。排烟口一般尽可能布置于防烟分区的中心,距最远点的水平距离不应超过 30 m。排烟门应设在顶棚或靠近顶棚的墙面上,且与附近安全出口沿走道方向相邻边缘之间的最小水平距离不应小于 1.5 m。排烟口平时处于关闭状态,当火灾发生时,自动控制系统使排烟口开启,通过排烟口将烟气及时、迅速地排至室外。排烟口也可以作为送风口。图 5-22 所示为板式排烟口示意图。

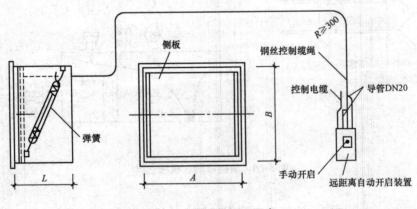

图 5-22　板式排烟口示意

②排烟阀。排烟阀应用于排烟系统的风管上,平时处于关闭状态,当火灾发生时,烟感探头发出火警信号,控制中心输出 DC24 V 电源,使排烟阀开启,通过排烟口进行排烟。图 5-23 所示为排烟阀示意图。

③排烟防火阀。排烟防火阀适用于排烟系统管道上或风机吸入口处,兼有排烟阀和防火阀的功能。其平时处于关闭状态,需要排烟时,其动作和功能与排烟阀相同,可自动开启排烟。当管道气流温度达到 280 ℃时,阀门靠装有易熔金属的温度熔断器而自动关闭,切断气流,防止火灾蔓延。图 5-24 所示为远距离排烟防火阀示意图。

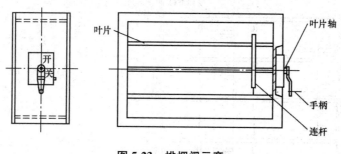

图 5-23　排烟阀示意

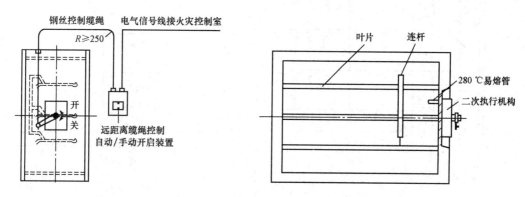

图 5-24　远距离排烟防火阀示意

④排烟风机。排烟风机有离心式和轴流式两种类型。在排烟系统中一般采用离心式风机。排烟风机在构造性能上具有一定的耐热性和隔热性,以保证输送烟气温度在 280 ℃时能够正常连续运行 30 min 以上。

排烟风机装置的位置一般设于该风机所在的防火分区的排烟系统中最高排烟口的上部。防火分区风机房内,风机外缘与风机房墙壁或其他设备的间距应保持在 0.6 m 以上。排烟风机设有备用电源,且能自动切换。

排烟风机的启动采用自动控制方式,启动装置与排烟系统中每个排风口连锁,即在该排烟系统任何一个排烟门开启时,排烟风机都能自动启动。

2. 防烟系统

高层建筑的防烟方式有机械加压送风和密闭防烟两种。

(1)机械加压送风。

1)机械加压送风系统。对疏散通道的楼梯间进行机械送风,使其压力高于防烟楼梯间或消防电梯前室,而这些部位的压力又比走道和火灾房间要高些,这种防止烟气侵入的方式，称为机械加压送风方式。送风可直接利用室外空气，不必进行任何处理。烟气则通过远离楼梯间的走道外窗或排烟竖井排至室外。图 5-25 所示为机械加压送风系统图。

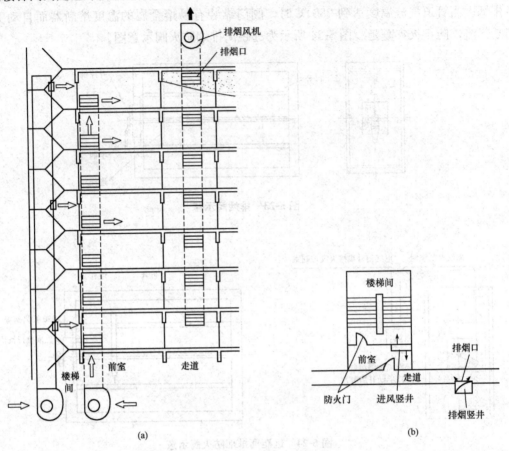

图 5-25 机械加压送风系统图

机械加压送风防烟方式具有以下几个特点：

①楼梯间、电梯间、前室或合用前室保持一定正压，避免了烟气进入这些区域，为火灾时的人员疏散和消防队员的扑救提供了安全地带。

②由于采用此种防烟方式时，走道等地点布置有排烟设施，就产生了一种有利的气流分布形式，气流由正压前室流向非正压间，一方面减缓了火灾的蔓延扩大（无正压时，烟气一般从着火间流入楼梯间、电梯间等竖井），另一方面由于人流的疏散方向与烟气流动方向相反，减少了烟气对人的危害。

2）机械加压送风系统的组成。机械加压送风系统一般由加压送风机、送风道、加压送风口及自控装置等部分组成。它是依靠加压送风机提供给建筑物内被保护部位新鲜空气，使该部位的室内压力高于火灾压力，形成压力差，从而阻止烟气侵入被保护部位。

①加压送风机。加压送风机可采用中、低离心式风机或轴流式风机，其位置根据电源位置、室外新风入口条件、风量分配情况等因素来确定。

②加压送风口。楼梯间的加压送风口一般采用自垂式百叶风口或常开的百叶风口。当

采用常开的百叶风口时，应在加压送风机出口处设置止回阀。楼梯间的加压送风口一般每隔 2~3 层设置一个。前室的加压送风口为常开的双层百叶风口，每层均设一个。

③加压送风道。加压送风道采用密闭不漏风的非燃烧材料。

④余压阀。为保证防烟楼梯间及前室、消防电梯前室和合同前室的正压值，防止正压值过大而导致门难以推开，为此在防烟楼梯间与前室、前室与走道之间设置余压阀，以控制其正压间的正压差不超过 50 Pa。图 5-26 所示为余压阀结构示意图。

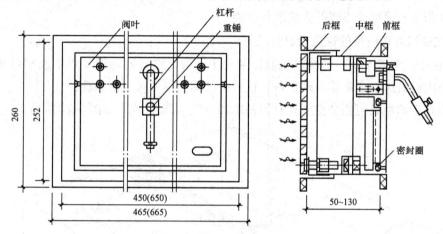

图 5-26　余压阀结构示意

(2)密闭防烟。除了机械加压送风防烟方式以外，对于面积较小，且其墙体、楼板耐火性能较好，密闭性好并采用防火门的房间，可以采取关闭房门使火灾方向与周围隔绝，让火情由于缺氧而熄灭的防烟方式。

5.2　空调系统的分类与组成

5.2.1　空调系统的分类

随着生产的发展和人们生活水平的提高，对空气环境提出了更高的要求。为满足人体舒适的需要，应使空气的温度、湿度保持在一定范围内，以获得冬暖夏凉的舒适环境。有些生产工艺过程不仅要求生产环境恒温、恒湿，而且对空气清洁程度也有极严格的规定，例如，生产精密光学仪器的车间，规定空气温度允许的波动范围是(20 ± 0.1) ℃~$(20+0.5)$ ℃，空气相对湿度小于 65%。

空气调节的任务是提供空气处理的方法，净化或纯化空气，通过加热(冷却)、加湿(去湿)，来控制室内空气的温度和湿度，并根据室外空气环境的变化不断自动调节，以满足人们生活、生产和科研对空气环境的要求。空气调节是指为满足生活、生产或工作的需要，改善劳动卫生条件，用人工的方法使室内空气的温度、湿度、清洁度和气流速度达到一定要求的工程技术，简称空调。为使空气温度、湿度、清洁度和气流速度等参数达到一定的要求，所采用的一系列设备、装置的总体，称为空调系统。根据规范要求，对于高级民用建筑，采用采暖通风达不到舒适性温、湿度标准时；对于生产厂房及辅助建筑物，当采用采暖通风达不到工艺对室内温、湿度要求时，应设置空气调节。

空气调节系统的任务是保证送到空调房间的空气具有一定的温度、湿度、清洁度、流速且无噪声，以创造适宜的空气环境，来满足生产和生活的需要。

空气调节系统可按不同的方法进行分类。

1. 按空气处理设备的位置情况分类

(1)集中式空调系统。将冷(热)源设备集中设置，空气处理设备集中或相对集中设置，空调房间内设有风口或末端处理设备，这种系统称为集中式空调系统。

集中式空调系统包括全空气式空调系统和空气-水式系统，如图 5-27 所示。

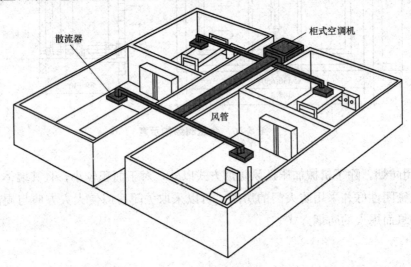

图 5-27 集中空调系统

(2)分散式空调系统。将冷(热)源设备、空气处理设备和空气输送装置集中或部分集中在一个空调机组内，组成整体式和分体式等空调机组，根据需要布置在各个不同的空调房间内，这种系统称为分散式空调系统。

分散式空调系统又可分为窗式空调器式系统、分体式空调器式系统、柜式空调器式系统等。

(2)半集中式空调系统。既有对新风的集中处理与输配，又能借设在空调房间的末端装置(如风机盘管)对室内循环空气作局部处理，兼具前两种系统特点的系统称为半集中式系统。

2. 按负担室内热湿负荷所用的介质分类

(1)全空气系统。空调房间的热、湿负荷全部是由经过处理的空气来承担的空调系统称为全空气系统。全空气系统由于空气的比热容较小，需要较多的空气才能达到消除余热、余湿的目的。因此，这种系统要求有较大断面的风道，占用建筑空间较多。全空气系统又可分为定风量式系统(单风道式、双风道式)和变风量式系统。

(2)全水系统。在全水系统中，空调房间的热湿负荷全部由水来负担。由于水的比热容比空气大得多，在相同负荷情况下只需要较少的水量，因而输送管道占用的空间较少。但是，由于这种系统是靠水来消除空调房间的余热、余湿，解决不了空调房间的通风换气问题，室内空气品质较差，用得较少。

(3)空气-水系统。空气-水系统由空气和水共同负担空调房间的热、湿负荷。根据设在房间内的末端设备形式可分为以下三种系统：

1)水风机盘管系统。水风机盘管系统是指在房间内设置风机盘管的空气-水系统。

2)水诱导器系统。水诱导器系统是指在房间内设置诱导器(带有盘管)的空气-水系统。

3)水辐射板系统。水辐射板系统是指在房间内设置辐射板(供冷或采暖)的气-水系统。

空气-水系统的优点是既可以减小全空气系统的风道占用建筑空间较多的矛盾，又可以向空调房间提供一定的新风换气，改善空调房间的卫生要求。

(4)制冷剂系统。制冷剂系统是把制冷系统的蒸发器直接放在室内来吸收空调房间的余热、余湿，常用于分散安装的局部空调机组。

3. 按所使用空气的来源分类

(1)全回风式系统(又称封闭式系统)。全回风式系统是指全部采用再循环空气的系统，如图5-28(a)所示，即室内空气经过处理后，再送回室内消除室内的热、湿负荷。

(2)全新风系统(又称直流式系统)。全新风系统是指全部采用室外新鲜空气(新风)的系统，新风经过处理后送入室内，消除室内的热、湿负荷后，再排到室外，如图5-28(b)所示。

(3)新、回风混合式系统(又称混合式系统)。新、回风混合式系统是指采用一部分新鲜空气和室内空气(回风)混合的全空气系统，如图5-28(c)所示，介于上述两种系统之间。此系统是指新风与回风混合并经处理后，送入室内消除室内的热、湿负荷。

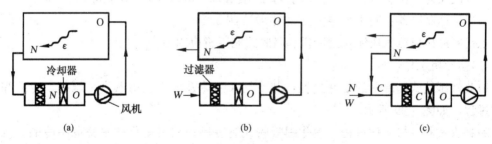

图 5-28 集中式全空气系统分类
(a)封闭式；(b)直流式；(c)混合式

4. 按照空气流速分类

(1)高速空调系统。高速空调系统主风道中的流速可达 20～30 m/s，由于风速大，风道断面可以减少许多，故可用于层高受限、布置风道困难的建筑物中。

(2)低速空调系统。低速空调系统风道中的流速一般为 8～12 m/s，风道断面较大，需要占较大的建筑空间。

5.2.2 空调系统的组成

1. 空调系统组成

(1)被空调的对象。被空调的对象是指各类建筑物中不同功能和作用的房间和空间以及人(群)。例如商场、客房、娱乐场所、餐厅、候机楼、写字楼、医院和手术室等。

(2)空气处理设备。空气处理设备是指完成对空气进行降温、加温、加湿或除湿以及过滤等处理过程(系统)所采用相应设备的组合,例如过滤器、表面式换热器、加湿器等。

(3)空气输送设备和分配设备:由通风管、各类送风口、风阀和通风机等组成。

(4)冷(热)源设备:提供需要的冷(热)水源,经过热交换器向空调房间提供冷(热)风。

(5)控制系统:根据应调节的参数,如室内温度和湿度的实值与室内空调基数的给定值相比较,控制各参数的偏差在空调精度范围之内的装置。

2. 制冷主机

空气调节工程使用的冷源有天然冷源和人工冷源两种。

(1)制冷机的分类。

1)压缩式制冷机:依靠压缩机的作用提高制冷剂的压力以实现制冷循环。按制冷剂种类又可分为:

①蒸汽压缩式制冷机:以液压蒸发制冷为基础,制冷剂要发生周期性的气-液相变。

②气体压缩式制冷机:以高压气体膨胀制冷为基础,制冷剂始终处于气体状态。

2)吸收式制冷机:依靠吸收器-发生器组(热化学压缩器)的作用完成制冷循环,又可分为氨水吸收式、溴化锂吸收式和吸收扩散式三种。

3)蒸汽喷射式制冷机:依靠蒸汽喷射器(喷射式压缩器)的作用完成制冷循环。

4)半导体制冷器:利用半导体的热-电效应制取冷量。

现代制冷机以蒸汽压缩式制冷机和吸收式制冷机应用最广。

(2)制冷机工作过程。

1)蒸汽压缩式制冷机的工作过程:制冷剂在制冷系统中经历蒸发、压缩、冷凝和节流四个过程,如图 5-29 所示。

2)吸收式制冷机工作过程:溴化锂吸收式制冷机是利用溴化锂水完成制冷的。溶液在常温下(特别是在温度较低时)吸收水蒸气的能力很强,而在高温下又能将所吸收的水分释放出来的特性,以及利用制冷剂水在低压下汽化时要吸收周围介质的热量的特性来实现制冷的目的,如图 5-30 所示。

3. 空气处理设备

空气处理设备是调节室内空气温度、湿度和洁净度的设备,又称末端设备。

(1)风机盘管。风机盘管是中央空调理想的末端产品,广泛应用于宾馆、办公楼、医院、商住楼、科研机构。

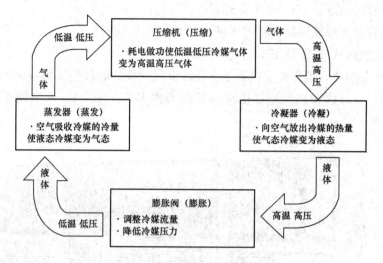

图 5-29 压缩式制冷机工作过程

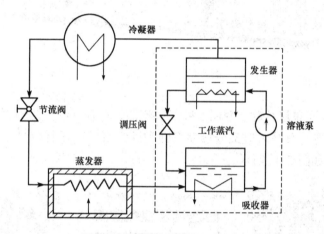

图 5-30 吸收式制冷机工作过程

1)风机盘管机组的组成。风机盘管主要由低噪声风机、盘管等组成，如图 5-31 所示。

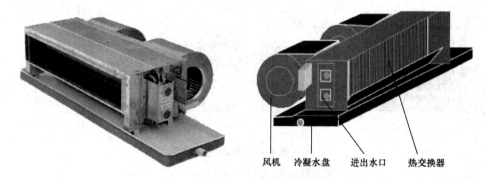

图 5-31 风机盘管

2)风机盘管的风量在 250~2 500 m³/h 范围内。

3)风机盘管的工作原理是机组内不断再循环所在房间的空气,使空气通过冷水(热水)盘管后被冷却(加热)。以保持房间温度的恒定。

(2)组合式空调器。组合式空调器是由各种空气处理功能段组装而成的不带冷、热源的一种空气处理设备,这种机组应能用于风管阻力大于等于 100 Pa 的空调系统,如图 5-32 所示。

图 5-32　组合式空调器

(3)风口。风口有单层百叶、双层百叶、散流器、自垂百叶、防雨百叶、条形风口、球形风口、旋流风口等,百叶风口又分活动百叶和固定百叶;还有带过滤风口、带调节阀风口、带风机风口,如图 5-33 所示。

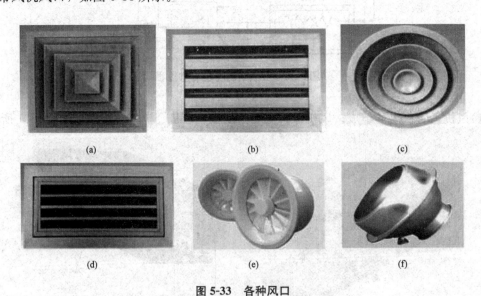

图 5-33　各种风口
(a)四面出风散流器;(b)条形散流器;(c)圆形散流器;
(d)侧壁格栅式风口;(e)旋流风口;(f)球形风口

5.3 通风空调系统管道安装

5.3.1 通风空调管道管材及附件

1. 管材

制作风道的材料有很多,一般可分为金属材料和非金属材料两类。常用的金属材料有普通酸洗薄钢板、镀锌薄钢板和型钢等黑色金属材料。若有特殊需要(如防腐、防火等要求时),可采用不锈钢板、铝板等材料。

非金属材料有玻璃钢和硬聚乙烯板。近年来,由于玻璃钢材料的防火阻燃性能得到了改善,其使用日趋广泛。在民用建筑和公共建筑中,为了节省钢材和便于装饰,也常使用矩形截面的砖砌风道、矿渣石膏板或矿渣混凝土板风道,以及圆形或矩形截面的预制石棉水泥风道等。

2. 风管截面形状与截面面积

风管的截面形状有很多,常见的有圆形和矩形,如图 5-34 所示。圆形风道的强度大,耗用材料少,但占用空间大,一般不易布置得很美观,通常用于暗装风道。矩形风道易于布置,弯头及三通均比圆形风道小,可明设或暗设,故采用较为普遍。有时为了利用建筑空间,也可做成三角形和多边形。无论通风系统,还是空调系统,风道的截面面积一般都比较大,为了实现风管的工厂化施工,施工企业应在预制加工厂按统一规格制作出大量的风管和配件,供现场安装时选用,钢板或塑料板制作的风管,应执行基本系列的统一规格标准。

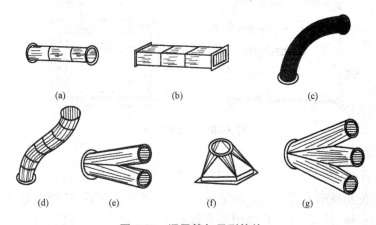

图 5-34 通风管与异型管件
(a)圆直管;(b)矩形直管;(c)弯头;(d)来回弯;
(e)三通;(f)四通;(g)变径管

3. 阀门

通风与空调系统中的阀门常见的有蝶阀、多叶阀、菱形阀及插板阀等，主要适用于风机的启动和系统中阻力平衡，调节流量，另外还有起安全防火作用的风管防火阀和防止空气倒流的止回阀。图 5-35(a)所示为斜插板阀，此阀多用于除尘系统，故应考虑不积尘，安装时有确定的方向，不得倒置。图 5-35(b)所示为蝶阀，主要设在分支管道或室内送风口之前，通过转动阀板的角度即可改变空气流量，调节风量。蝶阀使用较为方便，但严密性较差。

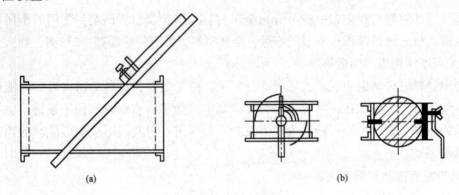

图 5-35 通风管道阀门
(a)斜插板阀；(b)蝶阀

图 5-36 所示为风管防火阀，是湿通风空调系统中的安全装置，对其质量要求严格，要保证在发生火灾时易熔片熔化，阀板关闭，将系统气流切断。防火阀在正常情况下是开启的，发生火灾时，防火阀上的易熔金属片在高于 70 ℃时熔断，阀门自动关闭，从而防止了火及烟气通过风管而蔓延。

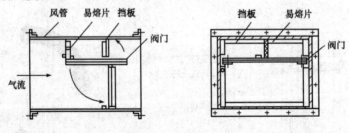

图 5-36 风管防火阀

4. 风口

风口根据其使用场所不同，可分为室内、室外两种。室内风口指设置在不同位置的各种类型的送风口、排(回)风口。其作用是合理地组织室内气流，保证房间内工作区的空气状态均匀。空调房间的送风口有侧向送风口、散流器、孔板送风口等形式，如图 5-37 所示。

室内排(回)风口通常在房间的下部，可安装于风管、墙侧壁，或安装于地面，如图 5-38 所示。

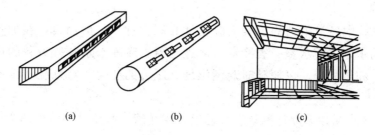

图 5-37 侧向送风口

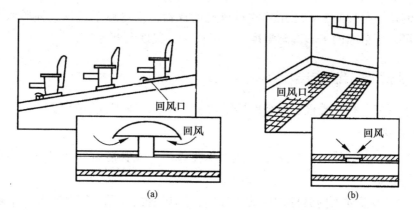

图 5-38 地面散点式和格栅式排(回)风口
(a)散点式排(回)风口；(b)格栅式排(回)风口

室外进风口是室外空气的采集装置，应设在室外空气比较洁净的地点。图 5-39(a)所示为设于围护结构上的墙壁式进风口。进风口的底部距室外地坪不宜小于 2.0 m，进口处应装置用木板或薄钢板制作的百叶窗。图 5-39(b)是专门的进风塔。图 5-39(c)是设在屋顶的进风塔。室外排风系统一般从屋顶排风，以减轻对附近环境的污染。为保证排风效果，往往在排风口上加设风帽，如图 5-39(d)所示。

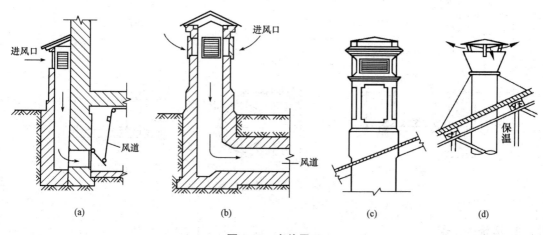

图 5-39 室外风口

5. 主要仪表

在空调水系统中经常用到的仪表为温度计和压力计。一般而言，在加热器、喷水室或表冷器所用的水泵，喷水室、表冷器、水过滤器、冷冻水水泵等设备的进、出口管路上应设置温度计和压力表，以便随时观测温度、压力的变化，对系统和设备进行调节与控制。

在空调风系统，常用温度计测量空气温度，用托管、微压计测空气压力。风系统需要控制的参数有：室内外空气的温、湿度，一、二次风回风温度，喷水室、表冷器进出口空气温度，加热器进出口空气温度，送、回风温度，以及空气过滤器进出口的静压差等。

在系统的调试与控制中，还用到测量风速的仪器，如热球风速仪、杯形风速仪等。测空气温度时可以用普通的干、湿球温度计，通风干、湿球温度计等。

5.3.2 风管支、吊架安装

风管常沿着墙、柱、楼板、屋架或屋梁敷设，安装在支架或吊架上。

1. 风管的支架

将风管沿墙、柱敷设时，常采用支架来承托管道，风管能否安装平直，主要取决于支架安装得是否合适。

风管的支架要根据现场支持构件的具体情况和风管的质量，可用圆钢、扁钢、角钢等制作。大型风管构件也可用槽钢制作。既要节约钢材，又要保证支架的强度，以防止变形。支架形式和尺寸应按照《全国通用采暖通风标准图集》TG16进行制作。

风管沿墙上支架的安装可按风管标高，定出支架与地面的距离，如图5-40所示。矩形风管是风管管底标高；圆形风管为中心标高，安装时应注意区别。

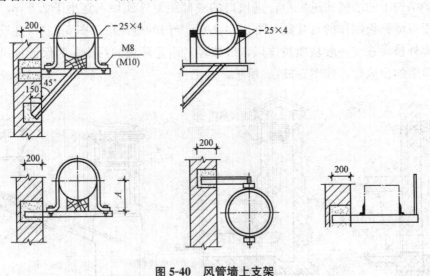

图5-40 风管墙上支架

2. 风管的吊架

将风管敷设在楼板、屋面大梁和屋架下面，离墙柱较远时，常用吊架来固定风管。圆形风管的吊架由吊杆和抱箍组成,矩形风管的吊架由吊杆和托铁组成。吊杆用圆钢制作,下端套出 50～60 mm 的螺钉,以便调整支架的高度,如图 5-41 所示。抱箍根据风管直径用扁钢制成两个半圆,安装时用螺栓连接在一起。托铁用角钢制作,角钢上穿吊杆的螺孔,应比风管边长宽 40～50 mm。安装时,矩形风管用双吊杆或多吊杆,圆风管每隔两个单吊杆中间设一个双吊杆,以防风管摇动。吊杆上部可采用预埋设法、膨胀螺栓法、射钉枪法与楼板、梁或屋架连接固定。吊架不得直接吊在法兰上。

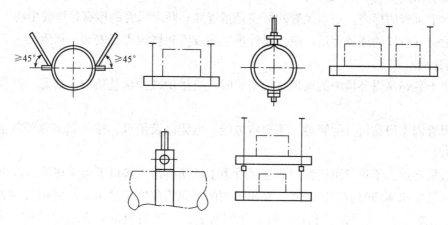

图 5-41 风管的吊架

5.3.3 风管的安装

1. 安装前的准备工作

通风空调系统的安装要在土建主体基本完成,安装位置的障碍物已清理,地面无杂物的条件下进行。

安装前的准备工作包括以下内容:

(1)审查施工图中风管的位置、规格和标高;检查风管与其他管道、设备是否相撞;参加设计部门的图纸会审。

(2)了解土建及其他安装工程的施工计划和施工进度,按设计要求做好预埋件、预留孔工作(预留孔应比风管截面每边尺寸大 100 mm)。

(3)根据加工安装图、施工计划和现场情况,安装好风管、部件及支架的加工制作。

(4)准备好安装工具和起重吊装设备。

(5)搭好脚手架或安装梯台,尽量利用土建的脚手架。

(6)安装开始时,由施工技术人员向班组人员进行技术交底,内容包括技术、标准与措施、质量、安全及注意事项等内容。

2. 风管连接

风管的连接长度,应按风管的壁厚、法兰与风管的连接方法、安装的结构部位和吊装方法等因素依据施工方案决定。

为了安装方便,在条件允许的情况下,尽量在地面上进行连接。一般可接至 10~12 m 长。在风管连接时,不允许将可拆卸的接口装设在墙或楼板内。

用法兰连接的空调通风系统,其法兰垫料厚度为 3~5 mm,注意垫料不能挤入风管内,以免增大空气流动的阻力,减少风管的有效面积,并形成涡流。

3. 风管的安装

敷设风管时的一般规定如下:

(1)水平风管的标高。矩形风管的标高是指管底;圆形风管的标高是指管中心。

(2)输送湿空气的通风管道,应按设计规定的坡度和坡向进行安装,风管的底部不得设有纵向接缝。

(3)位于易燃易爆环境中的通风系统安装时,应尽量减少法兰接口的数量,并设可靠的接地装置。

(4)风管内不得敷设其他管道。不得将电线、电缆以及给水、排水和供热等管道安装在通风管道内。

(5)楼板和墙内不得设可拆卸口。通风管道上的所有法兰接口不得设在墙和楼板内。

(6)风管穿出屋面时应设防雨罩。穿出屋面的立风管高度超过 1.5 m 时应设拉索,拉索不得固定在法兰上,并严禁拉在接闪杆、接闪网上。在屋面洞口上安装防雨罩,其上端以扁钢抱箍与立风管固定,下端将整个洞口罩住。

(7)风管与墙、柱的间距。风管及其管件与墙、柱灰面的净距,应符合设计要求或相关施工及验收规范的规定。

4. 风管部、配件的组配

(1)风管法兰的装配。为防止运输中变形,风管与法兰应在专门的加工场内连接。连接方式可采用焊接、翻边和铆接,如图 5-42 所示。

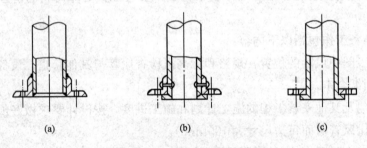

图 5-42 风管法兰的装配
(a)焊接;(b)翻边并铆接;(c)翻边

(2)风管的加固。圆形风管的强度较高,一般不进行加固;矩形风管强度较低,容易产生变形,因此对于矩形风管的大边尺寸≥630 mm 时,应采用对角线角钢法兰法或压棱法进行加固,如图 5-43 所示。

5. 风管的连接

传统的通风空调工程中风管的横向连接,都采用角钢或扁钢制成的成对法兰,分别铆

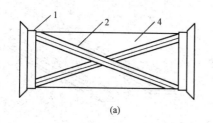 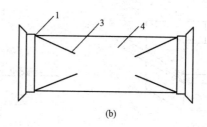

图 5-43　矩形风管的加固
(a)对角线角钢法兰法；(b)压棱法
1—法兰；2—角钢；3—棱；4—矩形风管

在一段风管的两端并翻边，利用两段风管的这对法兰，中间加上密封垫，并用螺栓连接起来。其缺点是受材料、机具和施工的限制，且各段风管一般在 2.0 m 以内，故一个系统或工程中，风管法兰接口多达成千上万，而法兰、密封垫及连接螺栓数量也非常庞大。还因接口多，密封难以严格保证达到要求，漏风量大。

近几年来，在国外技术基础上，国内发展起来的无法兰连接施工工艺解决了以上问题。即将法兰及其附件取消，代之直接咬合、加中间件咬合、辅助夹紧件等方式完成风管的横向连接。连接接口简单，可采用标准件成批生产，节省大量钢材，简化了施工工艺。对于风管排列无法兰连接，介绍以下几种形式：

(1)抱箍式连接。抱箍式连接主要用于在钢板圆风管和螺旋风管连接上。先将每段管两端轧制成鼓筋，并使一端缩为小口，安装时按气流方向把小口插入大口，外面用钢制抱箍把两个管端的鼓箍抱紧连接，最后用螺栓穿在耳环中固定拧紧，如图 5-44 所示。

(2)插接式连接。插接式连接主要用在矩形或圆形风管的连接上。先制作连接管件，然后插入两侧风管，再使用自攻螺钉或拉铆钉将其紧固，如图 5-45 所示。

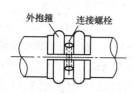 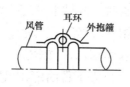 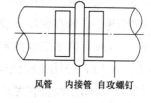

图 5-44　抱箍式连接　　　　　　**图 5-45　插接式连接**

(3)插条式连接。插条式连接主要用在矩形风管的连接上。其可把不同形状的插条插入风管两端，然后压实。其形状和接管方法如图 5-46 所示。

6. 风管接长吊装

接成一定的长度，可采用起重机具或手拉葫芦，吊装就位于支架或吊架上找平、找正，可用管卡固定。可采取逐节连接，连接长度在 10～20 m 内的风管，可用倒链或滑轮将风管提至吊架上去。安装完的风管及部、配件要保证表面光洁，室外风管应有防雨雪措施。

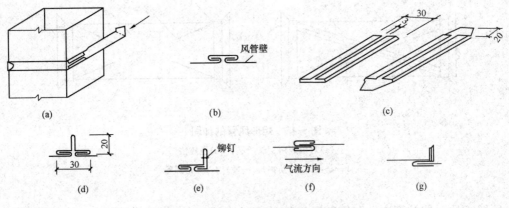

图 5-46 插条式连接
(a)平插条；(b)无折耳；(c)有折耳；(d)立式插条；
(e)角式插条；(f)平 S 形插条；(g)立 S 形插条

7. 风口安装

系统的末端装置，一般安装在墙面或顶棚上。安装要求平整、位置准确，外露表面无损伤。风口安装常需和土建装饰工程配合进行，以保证质量和美观。凡有调节装置的风口，应保持启闭调节灵活。对于同类型的风口应对称安装。

8. 风帽安装

风帽安装方法有两种：一是风帽从室外沿墙绕过屋檐伸出屋面；二是从室内直接穿过屋面层伸向室外。采用穿屋面的做法时，屋面板应预留洞，风帽安装后，屋面孔洞处应做防雨罩，防雨罩与接口应紧密不漏水，如图 5-47 所示。不连接风管的筒形风帽，可用法兰固定在屋面板预留洞口的底座上，如在底座下设有滴水盘时，其排水管应接到指定位置或有排水装置的地方。风帽安装高度一般超出屋面 1.5 m 时，应用镀锌钢丝或圆钢拉索固定，拉索应不少于三根，拉索中间加松紧螺钉调节。拉索不得固定在风管连接法兰上，而应另设加固法兰圈。

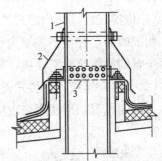

图 5-47 穿过屋面的排风管
1—金属风管；2—防雨罩；3—铆钉

9. 柔性短管(软接头)

柔性短管宜设在离心风机的出口与入口处，以减小风机的振动及噪声向室内传递。一般通风空调系统的柔性短管用厚帆布制成；输送腐蚀性气体时的用耐酸橡胶板或厚度为 0.8～1.0 mm 的聚氯乙烯塑料布制成；空气洁净系统则用表面光滑、不易积尘和韧性良好的材料制成，如橡胶板、人造革等。

柔性短管长度为 150～250 mm，两端固定在法兰上，一端与风管连接，另一端与风机相接。安装时应松紧适宜，不得扭曲。安装在风机吸入口的柔性管可略为装紧一些，以免风机启动后，由于管内负压造成缩小截面的现象。柔性短管外部不宜做保温层，并不得把它当作找正、找平的基准,也不能用软接头代替异径(变径)管使用。

当系统风管跨越建筑物的沉降缝时,也应设置柔性管,其长度视沉降缝的宽度适当加长。

10. 吸尘罩与排气罩安装

各类吸尘罩与排气罩的安装位置,应参照设计,根据已安装的相应设备位置、尺寸确定。罩口直径大于 600 mm 或矩形大边大于 600 mm 的罩子应设支架(或吊架),其重量不得由设备及风管承担。支吊架应不妨碍生产操作。

5.4 通风空调工程施工图的识读

5.4.1 通风空调工程施工图的组成

1. 设计施工说明

设计施工说明主要包括通风空调系统的建筑概况;系统采用的设计气象参数;房间的设计条件(冬季、夏季空调房间的空气温度、相对湿度、平均风速、新风量、噪声等级、含尘量等);系统的划分与组成(系统编号、服务区域、空调方式等);要求自控时的设计运行工况;风管系统和水管系统的一般规定,风管材料及加工方法,管材、支吊架及阀门安装要求,保温、减振做法,水管系统的试压和清洗等;设备的安装要求、防腐要求;系统调试和试运行方法、步骤;应遵守的施工规范等。

2. 通风空调系统平面图

通风空调系统平面图包括建筑物各层面通风空调系统的平面图、空调机房平面图等。

(1)通风空调系统平面图:主要说明通风空调系统的设备、风管系统、冷热媒管道、凝结水管道的平面布置。

1)风管系统包括风管系统的构成、布置及风管上各部件、设备的位置,并注明系统编号、送回风口的空气流向,一般用双线绘制。

2)水管系统包括冷热水管道、凝结水管道的构成、布置及水管上各部件、仪表、设备位置等,并注明各管道的介质流向、坡度,一般用单线绘制。

3)空气处理设备包括各处理设备的轮廓和位置。

4)尺寸标注包括各管道、设备、部件的尺寸大小、定位尺寸以及设备基础的主要尺寸,还有各设备、部件的名称、型号、规格等。

除上述内容之外,还应标明图样中应用到的通用图、标准图索引号。

(2)通风空调机房平面图:包括空气处理设备、风管系统、水管系统、尺寸标注等内容。

1)空气处理设备应注明按产品样本要求或标准图集所采用的空调器组合段代号,空调箱内风机、表面式换热器、加湿器等设备的型号、数量以及该设备的定位尺寸。

2)风管系统包括与空调箱连接的送回风管、新风管的位置及尺寸,用双线绘制。

3）水管系统包括与空调箱连接的冷热媒管道、凝结水管道的情况，用单线绘制。

3. 通风空调系统剖面图

剖面图应与平面图对应。剖面图主要有系统剖面图、机房剖面图、冷冻机房剖面图等，剖面图上的内容应与在平面图剖切位置上的内容对应一致，并标注设备、管道及配件的标高。

4. 通风空调系统图

通风空调系统图应包括系统中设备、配件的型号、尺寸、定位尺寸、数量以及连接于各设备之间的管道在空间的曲折、交叉、走向和尺寸、定位尺寸等，并应注明系统编号。

5. 空调系统的原理图

空调系统的原理图主要包括系统的原理和流程；空调房间的设计参数、冷热源、空气处理及输送方式；控制系统之间的相互连接；系统中的管道、设备、仪表、部件；整个系统控制点与测点之间的联系；控制方案及控制点参数，用图例表示的仪表、控制元件型号等。

5.4.2 通风空调工程施工图的规定

施工图是工程语言，是施工的依据，是编制施工图预算的基础。因此空调通风工程施工图也必须是以同一规定的图形符号和简单的文字说明部分，将空调通风工程的设计意图正确、明了地表达出来并用来指导空调通风工程的施工。

空调通风工程施工图是涉及特殊专业的图纸，因此在遵守绘图基本规定的前提下，也有着自身特殊的规定。

1. 通风空调系统施工图的一般规定

通风空调系统施工图应符合《建筑给水排水制图标准》(GB/T 50106—2010)、《暖通空调制图标准》(GB/T 50114—2010)、《供热工程制图标准》(CJJ/T 78—2010)的规范要求。

2. 比例

在空调通风工程施工图中，一般常用的比例如下：

总平面图：1:500、1:1 000、1:2 000。

基本图纸：1:50、1:100、1:150、1:200。

详图（大样图）：1:1、1:2、1:5、1:10、1:20、1:50。

工艺流程图和系统图无比例。

3. 风管规格标注

风管规格对圆形风管用管径"ϕ"表示（如 $\phi 200$，表示管径为 200 mm）；对矩形风管用断面尺寸"宽×高"表示（如 400×120，表示宽为 400 mm，高为 120 mm），单位均为 mm。

4. 风管标高标注

对于矩形风管，风管标高为风管底标高；对于圆形风管，风管标高为风管中心标高。

5. 管路代号

暖通空调专业施工图中，管道输送的介质一般为空气、水和蒸汽。为了区别各种不同性质的管道，国家标准规定了用管道名称的汉语拼音字头作符号来表示。如空调风管用"K"表示。风道代号详见表 5-1。

在施工图中，如果仅有一种管路或同一图上的大多数管路是相同的，其符号可略去不标，但须在图纸中加以说明。

此外，在暖通空调施工图中还有各种常见字母符号，每个字母都表示一定的意义，如"D"表示圆形非风管的直径或焊接钢管的内径；"b"表示矩形风管的长边尺寸；"DN"表示焊接钢管、阀门及管件的公称通径；"δ"表示管材和板材的厚度等。

表 5-1 风道代号

代号	风道名称	代号	风道名称
ZY	加压送风管	HF	回风管（一、二次回风可附加 1、2 区别）
SF	送风管	PF	排风管
XF	新风管	PY	消防排烟风管

5.4.3 通风空调施工图识读

施工图中的管道及部件多采用国家标准规定的图例来表示。这些简单的图样并不完全反映实物的形象，仅仅是示意性地表示具体设备、管道、部件及配件。各个专业施工图都有各自不同的图例，且有些图例还互相通用。现将暖通空调专业的常用图例列出，详见表 5-2。

表 5-2 通风空调系统施工图常用图例

序号	名称	图例	备注
	风管		
1	通风管	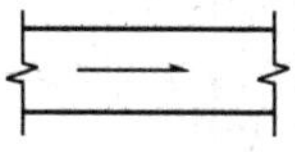	
2	送风管（及弯头）	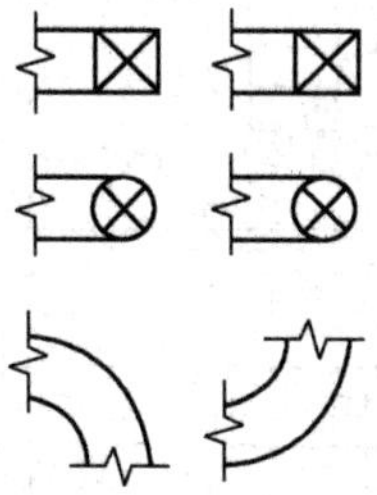	上面为矩形风管 中间为圆形风管 下面为弯头

续表

序号	名称	图例	备注
3	排风管（及弯头）	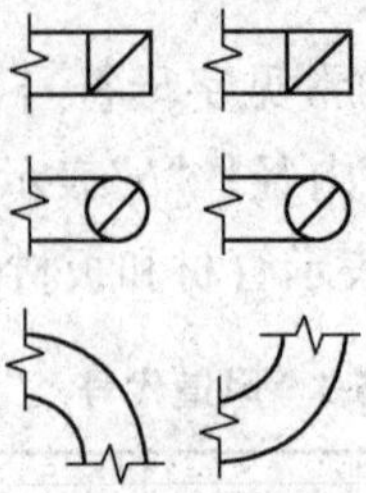	上面为矩形风管 中间为圆形风管 下面为弯头
4	混凝土风管	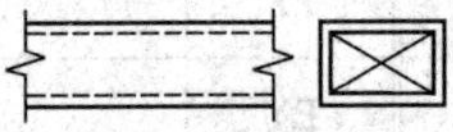	
管材			
1	异径管	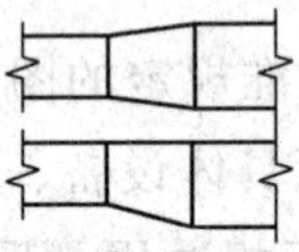	
2	异形管（方圆管）	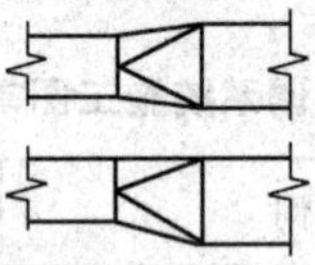	也称天圆地方管 也用以连接圆形风机及矩形风管
3	带导流片弯头	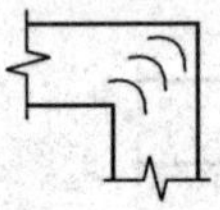	
4	消声弯头	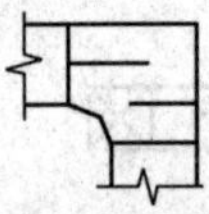	
5	风管检查孔	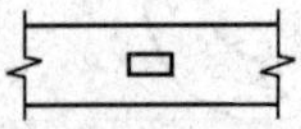	

· 146 ·

续表

序号	名称	图例	备注
6	风管测定孔		
7	柔性接头		
8	圆形三通(45°)		
9	矩形三通		
10	车形风帽		左为平面图,右为系统图
11	筒形风帽		左为平面图,右为系统图
12	菱形风帽		
	风口		
1	送风口		

续表

序号	名称	图例	备注
2	排风口	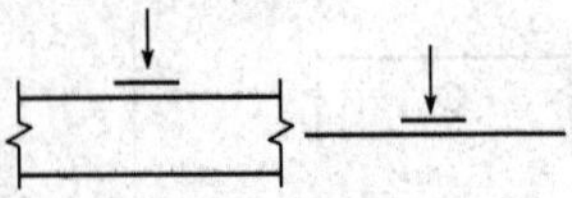	
3	方形散流器	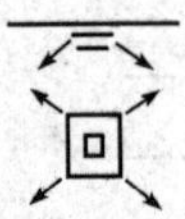	下为平面图，上为系统图
4	圆形散流器	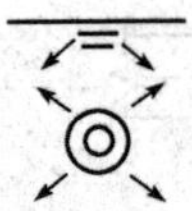	下为平面图，上为系统图
5	单面吸送风口		
6	百叶窗	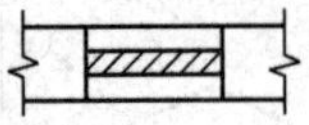	
	通风空调阀门		
1	风管插板阀	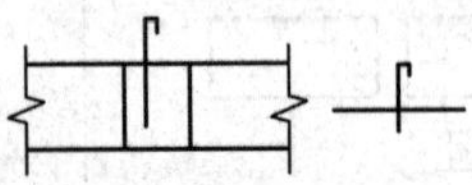	左为平面图，右为系统图

1. 通风空调施工图识读方法与步骤

通风空调系统施工图有其自身的特点，其复杂性要比暖卫施工图大，识读时要切实掌握各图例的含义，把握风系统与水系统的独立性和完整性。

(1)认真阅读图样目录：根据图样目录了解该工程图样张数、图样名称、编号等概况。

(2)认真阅读领会设计施工说明：从设计施工说明中了解系统的形式、系统的划分及设备布置等工程概况。

(3)仔细阅读有代表性的图样：在了解工程概况的基础上，根据图样目录找出反映通风空调系统布置、空调机房布置、冷冻机房布置的平面图，从总平面图开始阅读，然后阅读其他平面图。

(4)辅助性图样的阅读：平面图不能清楚地、全面地反映整个系统情况，因此，应根据平面图上的提示的辅助图样(如剖面图、详图)进行阅读。对整个系统情况，可配合系统图阅读。

(5)其他内容的阅读：在读懂整个系统的前提下，再回头阅读施工说明及设备材料明细表，了解系统的设备安装情况、零部件加工安装详图，从而把握图样的全部内容。

2. 施工图识读的内容

(1)原理图。

1)了解介质的流向。

2)掌握设备的种类、名称、位号(编号)及型号。

3)掌握管道、配件、部件的规格、编号及型号。

4)对于配有自动控制仪表装置的管路系统还要掌握控制点的分布状况。

(2)平面图。

1)了解建筑物的朝向、基本构造、轴线及有关尺寸。

2)了解设备的名称、位号(编号)、平面定位尺寸、接管方向及标高。

3)掌握各条管线的编号、平面位置、介质名称，管道及配件、部件的规格、型号及数量。

(3)剖面图。

1)了解建筑物的竖向构造、层次分布、尺寸及标高。

2)了解设备的立面布置情况，查明位号(编号)、型号、接管要求、尺寸及标高。

3)掌握各条管线的立面布置情况、尺寸和标高。

(4)系统轴测图。

1)掌握管路系统的空间走向，弄清楚管路标高，出、入口的组成。

2)了解干管、立管及支管的连接方式，掌握管道及配件、部件的规格、型号及数量。

3)了解管路与设备的连接方式、连接方向及要求。

2. 识图实例

以某综合办公楼通风空调工程为例。

(1)设计说明。

1)本工程为某综合办公楼，主要功能有办公室、会议厅、餐厅及服务大厅。

2)设计依据(略)。

3)通风空调设计计算参数。

①室外通风空调计算参数如下：

a. 空调室外计算干球温度：夏季为31.8 ℃，冬季为－2.5 ℃；

b. 夏季空调室外计算湿球温度：26.7 ℃；

c. 冬季空调室外计算相对湿度：54%；

d. 大气压力：夏季为99.85 kPa，冬季为102.02 kPa。

②室内空调设计参数如下：

a. 干球温度：夏季为26 ℃～28 ℃；冬季为18 ℃～20 ℃；

b. 相对湿度：夏季为小于65%；

③新风量：30 m³/h。

4)空调系统设计说明。

①空调负荷。本工程空调设计冷负荷为1 325 kW；热负荷约为1 214 kW。

②系统划分。大厅及大型会议室采用全空气调节系统；办公室、中小会议室采用风机盘管加新风系统。

③水系统设计。空调水系统主干管采用双管异同程结合方式。

④所有空调风管、新风管采用镀锌钢板制作。

⑤管材。空调水系统冷热水管道采用无缝钢管；冷凝水管采用PVC塑料管。

⑥保温。空调的冷热水管、凝结水管、空调风管、新风管均保温，保温材料为橡塑材料。

(2)图纸：分别为一层礼堂全空气空调系统平面图(图5-48)、三层办公区风机盘管加新风空调系统平面图(图5-49)、三层办公区风机盘管加新风水系统平面图(图5-50)、三层办公区风机盘管加新风水系统图(图5-51)，因于篇幅限制，仅选择部分图纸。

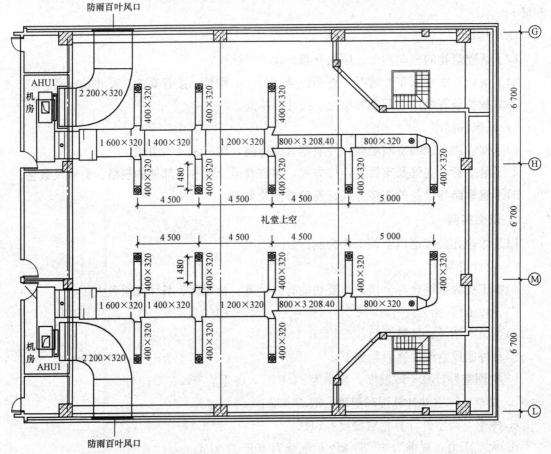

图5-48　一层礼堂全空气空调系统平面图

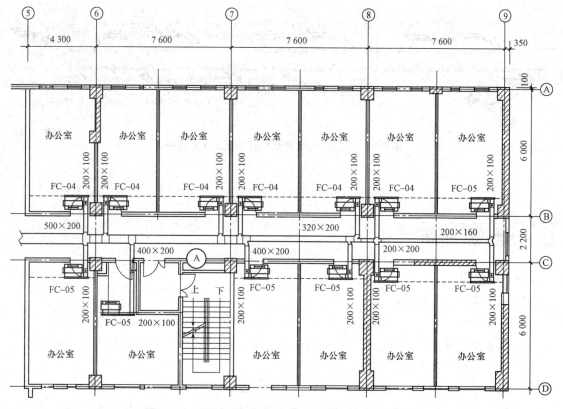

图 5-49 三层办公区风机盘管加新风空调系统平面图

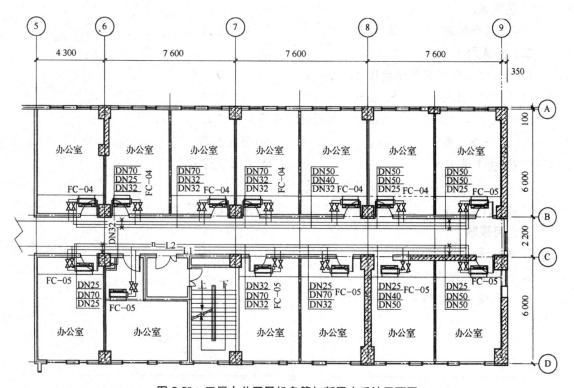

图 5-50 三层办公区风机盘管加新风水系统平面图

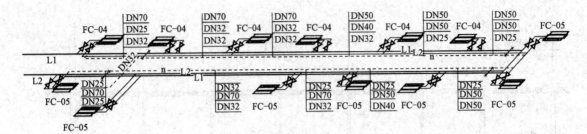

图 5-51 三层办公区风机盘管加新风水系统图

练习题

一、单选题

1. 风管支架一般不用(　　)制作。
   A. 角钢　　　　B. 槽钢　　　　C. 扁钢　　　　D. 圆钢
2. 风帽安装高度一般超出屋面(　　)m 时，应用镀锌钢丝或圆钢拉索固定，拉索应不少于三根，拉索中间加松紧螺钉调节。
   A. 1.5　　　　B. 2.0　　　　C. 2.5
3. (　　)的强度大，耗用材料少，但占用空间大，一般不易布置得美观，通常用于暗装风道。
   A. 圆形风道　　　B. 矩形风道　　　C. 方形风道

二、多选题

1. 通风方法按照空气流动动力的不同，可分为(　　)。
   A. 自然通风　　　B. 机械通风　　　C. 局部通风
2. 空调系统按负担室内热湿负荷所用的介质不同可分为(　　)。
   A. 全空气系统　　　　　　　　B. 全水系统
   C. 空气水系统　　　　　　　　D. 制冷剂系统
3. 防火阀有(　　)之分，安装时不得随意改变。
   A. 水平安装　　　B. 垂直安装　　　C. 左式、右式

三、问答题

1. 简述通风系统的组成。
2. 风管的连接要求有哪些？
3. 通风空调管道的常用管材有哪些？

参 考 文 献

[1] 谭翠萍. 建筑设备安装工艺与识图[M]. 哈尔滨:哈尔滨工业大学出版社,2013.
[2] 文桂萍. 建筑设备安装与识图[M]. 北京:机械工业出版社,2017.
[3] 张树臣. 学看建筑电气施工图[M]. 北京:中国电力出版社,2012.
[4] 徐欣,孙桂涧. 建筑设备[M]. 郑州:黄河水利出版社,2011.
[5] 赵宏家. 电气工程识图与施工工艺[M]. 4版. 重庆:重庆大学出版社,2014.
[6] 中国建筑标准设计研究院. 建筑产品选用技术(建筑·装修)[M]. 北京:中国计划出版社,2009.
[7] 中华人民共和国住房和城乡建设部,中华人民共和国国家质量监督检验检疫总局. GB/T 50106—2010 建筑给水排水制图标准[S]. 北京:中国建筑工业出版社,2011.
[8] 杨晨晨. 基于"教、学、做"一体化的《安装工程识图》课程运作方案研究[J]. 江西建材,2015(08).